泰和乌鸡

张春晖　米　思　贾　伟　著

科学出版社

北　京

内 容 简 介

本书对江西省泰和县的泰和乌鸡进行较为系统的阐述，介绍泰和乌鸡的发展历程、营养及药用价值、产业化发展、追溯流程、养殖技术等。本书全面透彻地分析泰和乌鸡及蛋的营养成分，对其潜在的功效进行评价；对泰和乌鸡产业化发展现状、精深加工技术及市场发展前景进行分析，为泰和乌鸡产业化发展提供思路与对策；最后详细阐述泰和乌鸡养殖技术与现代化的保种溯源方法，为打造泰和乌鸡特色产业链提供理论依据。

本书为泰和乌鸡资源的深度、有效开发利用提供科学的指导，为产品的宣传推广提供更加明确的思路与策略，可为泰和乌鸡养殖、加工企业技术人员、科研人员、相关专业高校师生，以及广大泰和乌鸡及其深加工产品的消费者提供技术参考。

图书在版编目（CIP）数据

泰和乌鸡/张春晖，米思，贾伟著. —北京：科学出版社，2019.3

ISBN 978-7-03-060788-1

Ⅰ. ①泰… Ⅱ. ①张… ②米… ③贾… Ⅲ. ①乌鸡-泰和县 Ⅳ. ①S831.8

中国版本图书馆 CIP 数据核字（2019）第 043869 号

责任编辑：贾　超 付林林 /责任校对：彭珍珍

责任印制：吴兆东/封面设计：东方人华

科学出版社 出版

北京东黄城根北街 16 号

邮政编码：100717

http://www.sciencep.com

北京中石油彩色印刷有限责任公司 印刷

科学出版社发行　各地新华书店经销

*

2019 年 3 月第　一　版　开本：720 × 1000　1/16

2019 年 3 月第一次印刷　印张：11 1/2

字数：220 000

定价：98.00 元

（如有印装质量问题，我社负责调换）

前　言

泰和乌鸡（Gallus aallus domesticus Brisson）原产于我国江西省泰和县，是泰和县这方水土孕育的神奇瑰宝，距今有2200多年的历史，有着迷人的历史典故和传说。泰和乌鸡集药用、滋补保健、观赏价值于一体，拥有首批国家级畜禽保护品种、全国首例活体原产地域保护产品、中国农产品地理标志产品、中国地理标志产品、江西省著名商标等多块“金字招牌”。

泰和乌鸡的药用食疗功效通过古代医书代代相传，并在实践中不断得到验证，因此声名远播。但是长期以来，由于缺乏全面系统的科学研究和数据作为支撑，关于泰和乌鸡营养与药用价值的描述也是知其然，而不知其所以然。人们对于泰和乌鸡这一历史悠久、荣誉傍身的珍贵禽种始终存在诸多困惑。

自1986年泰和乌鸡养殖列入国家星火计划，泰和乌鸡产业快速兴起。目前，泰和县有泰和乌鸡养殖、加工、电商企业110多家，其中有国家级种质资源保种场1家、一级扩繁场2家，规模化养殖场18家，家庭农场43个，泰和乌鸡专业合作社7个，泰和乌鸡加工企业14家，电商25家，养殖大户140户，从业人员3600余人。经过多年的发展，产业链已基本形成。

但在泰和乌鸡的养殖、种质资源保护及产业发展方面存在诸多问题：①品种保护意识不强，品牌侵权严重。由于泰和乌鸡体态娇小，生长缓慢，养殖成本高，在低端消费市场不占优势，当地一些养殖户急功近利，掺杂使假，使用激素饲料，降低了泰和乌鸡的品质；另外，大量的杂交乌鸡出现在市场对原种泰和乌鸡造成了冲击，出现了以次充好、以假乱真的现象，损毁了泰和乌鸡的形象。②产业发展投入不足，缺乏龙头企业带动。由于缺乏大型龙头企业带动，泰和乌鸡及系列加工产品难以形成规模，市场竞争力不足，产品的附加值低，无法适应市场需求。③泰和乌鸡及系列产品缺乏科技创新，产品开发力度不足。一方面，泰和乌鸡虽作为药用、营养保健品大有用途，但长期以来，对泰和乌鸡的营养及药用价值缺乏系统的科学研究，泰和乌鸡精深加工技术水平低、运输方式和销售模式等的落后都制约着泰和乌鸡的发展。另一方面，泰和乌鸡的育种技术落后，保种缺乏创新，对泰和乌鸡品种的优良遗传基因的开发利用不够，科研工作滞后，造成泰和乌鸡品种保护和利用脱节。

本书作者带领研究团队对泰和乌鸡、蛋的营养成分进行全面透彻的挖掘，并对其潜在的营养保健与药用价值进行评价，从根本上消除了长久以来笼罩在“泰和乌鸡”这一珍贵家禽头上的疑云，为日后深度开发泰和乌鸡资源提供了科学的指导。本书作者还系统地阐述了泰和乌鸡的发展历程与生理、繁育特征，介绍了泰和乌鸡保种溯源技术和产业发展现状，不仅可作为泰和乌鸡科普读物为人们参考，对泰和乌鸡产业的发展也具有一定的指导意义。

本书共 9 章。第 1 章主要介绍泰和乌鸡的外貌、生理特征及发展历程；第 2 章到第 4 章重点介绍泰和乌鸡肉、蛋的营养成分，药用与保健价值，通过与杂交乌鸡进行比较分析，解释了泰和乌鸡发挥功能作用的内在机制；第 5 章和第 7 章重点介绍泰和乌鸡精深加工技术与产业发展现状，对泰和乌鸡系列产品进行归纳总结，并对泰和乌鸡产业提出发展思路与对策；第 6 章重点介绍泰和乌鸡的保种溯源，详细介绍泰和乌鸡保种溯源监管系统的设计方案与现代化技术；第 8 章和第 9 章重点介绍了泰和乌鸡养殖技术规范和种质资源保护方法。本书基于作者实验室的科研结果，结合产业界和国内外的研究成果，详细介绍了泰和乌鸡这一珍贵资源，相信本书对促进泰和乌鸡种质资源开发、泰和乌鸡产品的宣传推广及泰和乌鸡特色产业链的发展具有一定的参考价值。

本书涉及的内容从研究到出版得到了国家重点研发计划的资助（2016YFD0400201）和泰和县人民政府的大力支持，泰和县乌鸡办公室罗嗣红、范玉庆，中国农业科学院农产品加工研究所工程师尚柯，博士研究生宋玉，硕士研究生王静帆、胡斐斐等也为本书的编写与出版付出了精力与汗水，在此表示衷心的感谢。

尽管作者在撰写过程中付出了很大努力，但仍需进一步科学研究与归纳总结完善理论体系建设，也需在实际应用中发现新问题，并不断解决问题。书中所述药用及药方，须辨证使用。书中疏漏、不妥之处在所难免，敬请读者批评指正。

2019 年 3 月

目　录

第 1 章　认识泰和乌鸡

泰和乌鸡是在泰和县域内特定的水质、气候环境下孕育的一个独特物种，以其独特的观赏性和珍贵的药用、营养、保健价值而驰名海内外。泰和县是泰和乌鸡的唯一发祥地，位于江西省中南部，吉泰盆地中心，风景秀美，四季分明，气候温暖湿润，光能充足，河流众多，水土中富含磷、钾、钙、硒等有效营养成分。泰和县得天独厚的地理环境和适宜的气候，孕育了泰和乌鸡。

1.1　泰和乌鸡命名

1.1.1　历史悠久 扬名中外

泰和乌鸡（图 1.1）属鸟纲，鸡形目，雉科，鸡属，是江西省吉安市泰和县特产，我国特有的禽类种质资源，中国国家地理标志产品。因其原产于江西省泰和县而得名；因其通体白羽又得名曰白绒鸡、丝羽鸡、丝羽乌鸡。

图 1.1　泰和乌鸡*

* 本书彩图以封底二维码形式提供。

乌鸡在我国已有 2200 多年的饲养及药用历史，最早史载见于公元前 206 年的《豫章书》——“凡伤寒头痛发热……若虚极寒极之症，加姜、盐和武山鸡煎汤服之即愈。”

泰和县武山汪陂途村有一涂姓的养鸡世家。据《涂氏族谱》记载：“武山西麓下，松林杂植，森罗左釉冬溪水汪汪，长年不竭，因名汪溪，吾涂氏盛唐时辟基之。地产红冠、绿耳、白毛乌鸡，乡人称为羊毛鸡，性最补益，巨家显宦多求购之。”

日本《家禽图谱》和《农业大辞典》称泰和乌鸡为乌鸡。我们称之为乌鸡（《普洛方》）、药鸡（《动物学大辞典》）、竹丝鸡（《陆川本草》）、泰和鸡（《本草纲目》）、武山鸡、绒毛鸡、松毛鸡、墨脚鸡、丛冠鸡、穿裤鸡（中药名）。

据历史记载，原始乌鸡早期体型、外貌、毛色等不一，由雏形初步形成品种，由血缘紊乱，遗传性状极不稳定至遗传性状的相对统一，经过 166～240 年的自然选择和人工选择，品种特征相对固定。目前，我国饲养量最大、分布最广的是白色丝羽乌鸡。因其独具“丛冠、缨头、绿耳、胡须、丝毛、毛脚、五爪、乌皮、乌肉、乌骨”十大特征，又有“十全禽”之称。

近年来，随着关于泰和乌鸡各项研究的展开，为统一认识、选种，保持该鸡种具有一致的遗传特性与生态特征，在翔实分析有关泰和乌鸡形成史料后，部分学者认为应以“中国泰和乌鸡”命名更为适宜。

1.1.2 科学定义 内涵丰富

1. 生物学概念

泰和乌鸡是指地理标志保护范围内饲养的，具有“十全”特征的丝羽乌鸡。其体形娇小玲珑，外貌独特，集药用、滋补、观赏于一体，是药膳两用的珍贵禽类种质资源。

2. 知识产权概念

泰和乌鸡指“泰和乌鸡及图”注册商标，中国地理标志。

“泰和乌鸡”应同时符合中国地理标志保护管理、中国地理标志产品保护管理，符合泰和乌鸡国家质量标准（GB/T 21004—2007）的基本要求，饲养时间必须达到 90 天以上。

1.2 泰和乌鸡传说

1.2.1 仙女化“乌”

相传很早以前，在西岩修炼的吕洞宾想请云游到此的另外七仙饮西天瑶池的琼浆玉液，便派仙童上天取，但吝啬的王母娘娘不肯答应。她身边的一对白凤仙子有心相助，便悄悄地飞到武山岩上，把嘴一张，吐出甘甜的琼浆玉液，顷刻间，那琼浆玉液化作一泓清泉，从西岩飞流而下，使“八仙”大饱口福。不料，此事被王母娘娘得知，她一怒之下，把二位白凤仙子投入熊熊烈火之中，但仙子精灵不散，化作一对白凤鸡冲出烈焰，栖落在武山西岩山麓。虽然它们皮肤、骨骼、内脏都已烧得焦黑，而洁白的羽毛却丝毫未损，依然如故。从此，白凤乌鸡就在西岩山麓的汪溪繁衍生息，流传至今。

1.2.2　白凤仙子

古语云“山不在高，有仙则名；水不在深，有龙则灵”。武山虽不高，却有着美丽的传说。相传此处原本没有山，不知何时，一座巍峨大山拔地而立，人们称它为新山。新山引得“八仙”从天而降。吕洞宾一时兴起，在石壁上长笔一挥，写下两个大字——“武山”。恰逢重阳佳节，处处丹桂飘香，金菊怒放，一派祥和景象。“八仙”便乘兴登临武山，饮酒论道，赏景赋诗。武山的风物美景使“八仙”深深陶醉，“八仙”便相约 500 年后的重阳节再游武山。殊不知，500 年后“八仙”故地重游，但见武山一带妖魔作怪，民不聊生，颓废不堪。吕洞宾遂与诸仙商定，择武山武叠峰北岩开坛炼丹，以济苍生。经过七七四十九天的修炼，丹药炼成，正待出炉，忽然天昏地暗，妖风大作，仙丹危在旦夕。“八仙”一面合力与妖魔斗法，一面急向王母娘娘求救。王母娘娘速遣身边的侍女——两位白凤仙子携瑶池琼浆玉液下凡护丹。当时“八仙”与妖魔苦斗正酣，两位仙女将琼浆玉液置于炼丹炉中，“八仙”顿时功力大增，将妖魔降除。两位仙女却被妖风卷入炼丹池，忍受烈焰锻炼，皮肉、内脏、骨头俱被烧得焦黑。丹药出炉后，“八仙”悬壶济世，普度众生，武山一带遂得太平。仙女涅槃，化成一对白凤仙子，为防止妖魔再次兴风作浪，白凤仙子自愿留在人间，为百姓祛病驱邪，造福天下，这就是人们今天所说的武山泰和乌鸡。

1.2.3　凤姿仙态

又有一传说，从武山西岩流下的泉水里溶入了武姥炼丹的仙方妙药，汪溪涂村的鸡嬉于溪畔，常饮此水，久而久之，便成白毛乌骨，凤姿仙态。乾隆年间，榜眼姚颐作过一首著名的《泰和鸡为旭庄主人赋》，对泰和乌鸡的起源作了生动的描述：“名鸡来自家江南，虎鼻峰北岩穹嶙，传说仙人炼铅汞，丹泉流出山下潭。村鸡膈膊戏潭侧，金膏玉液口且含，仙成种类甲天下，此语或合齐东参。”乌鸡因常饮溶入了武姥炼丹的仙方妙药形成凤姿仙态，虽是神话，但它唯有常饮武山泉水才不变种，倒是事实，故有“不饮武山水，不是武山鸡”之说。究其原因，许是武山泉水中含有与其他泉水不同的矿物质和微量元素所致。

1.2.4 仙子下凡

相传很久以前，仙人吕洞宾在虎鼻峰（今江西省泰和县武山二指峰）炼丹。丹成那日，吕洞宾宴请七仙庆贺，并向王母娘娘借来琼浆玉液，正当众仙开怀畅饮时，一对野鸡从林中飞向炼丹池，喝了丹泉，顿成白凤仙子。吕洞宾很不高兴，诉之观音菩萨。观音菩萨听后，微微一笑，说："这是天机，该让它下凡了。"说完，菩萨用手指朝虎鼻峰方向一点，白凤仙子便降于人间，变成了乌鸡。如今在武山二指峰仍然可见传说中的炼丹旧址，在那里有一个泉水窝，名曰"炼丹池"。池深八九寸，直径不上两尺，泉水清澈甘冽。奇异的是，池水终年不溢，再多人喝，池水也不干涸。

1.2.5 李时珍曲折寻乌鸡

相传为著《本草纲目》以治病济世，李时珍常常跋山涉水搜求民间的良方与药物标本。某一日，他经过一个村庄，遇到一位妇女因为产后身虚、缺乏滋养而濒危，但当他上前把脉时已经为时已晚。这件事对李时珍触动颇深，他黯然离开村庄后，决心找到一种具有滋补功效，方便百姓强身益体的药膳珍品。

这天，他行至岭南，巧遇一位老者，闲谈中听到这样一个传说：很久以前，王母娘娘的侍女白凤仙子为了给百姓祛病驱邪、造福天下，自愿化身为一对美丽的白毛乌鸡——武山鸡，成为有补虚劳、养身体功效的珍禽，逐渐在岭南深山繁衍生息。抱着一丝希望，李时珍立即深入岭南深山寻找乌鸡，但因风餐露宿、极度虚弱而晕倒在峡谷之中。当他苏醒后，只闻见一股浓郁的鸡汤香味。原来，他被当地村民救起，村民正在煲乌鸡汤给他调养身体。这个小村庄正是世代饲养乌鸡的世外之地。李时珍向村民说明自己寻找乌鸡治病救人的目的后，村民深受感动，于是赠送他一批血统最纯正的白羽乌鸡。深入研究后，李时珍发现乌鸡具有独特的滋养肝肾、养血益精、健脾固冲等滋补价值，便将它编入《本草纲目》中，曰：乌鸡，味甘，补虚，膳食最佳。李时珍认为，乌鸡食用方法与普通鸡大致相同，但用血统原始纯正、天然环境生长的乌鸡以熬炖方式食用，滋补功效更佳，且具有汤水清亮、口感细嫩、鲜味醇厚的风味。

1.2.6 乾隆赐名

清朝乾隆年间，泰和县武山村涂文轩将泰和乌鸡进贡给朝廷，乾隆帝赞不绝口，赐名"武山鸡"，列为贡品，并命人将乌鸡置于后宫饲养，专供皇后、妃子们观赏。乌鸡在众多珍禽异鸟中，以超尘脱俗的神韵气质，倾倒后宫佳人，被昵称为“白凤仙子”。不仅如此，乾隆帝还广阅医典，深研乌鸡药用价值，并令御医根据《神农本草经》和《本草纲目》中相关记载，结合前人的临床经验，修订配方，将乌鸡制成丸药，由同仁堂承制，即乌鸡白凤丸。

1.3　泰和乌鸡外貌特征

泰和乌鸡具有特殊种质性状和经济价值的品种资源，是药、肉、蛋、观赏兼用型多用途鸡种。

1.3.1　泰和乌鸡的十大特征

泰和乌鸡性情温顺，体躯短矮，头长且小，颈短，具有独特的外貌特征，极易与其他品种区别。泰和乌鸡民间“十全十美”之说，是指泰和乌鸡的十大特征。

1. 丛冠

丛冠也有凤冠之称，母鸡冠形较小，色黑，单冠较少，多为草莓冠形或桑葚冠形，就如一位雾鬓云鬟、体态娇媚的贵妇人；公鸡冠形较大，紫红色，多为玫瑰冠形，好似一位玉冠束发、风流倜傥的翩翩公子。

2. 缨头

头顶端有一撮白色直立细绒毛，好似一顶蓬松细密的雪白绒帽，母鸡尤为明显。

3. 绿耳

耳呈孔雀蓝色，也有古铜绿色，但数量较少，孔雀蓝尤以 60～150 日龄最为明显，成年后随着时间的推延，蓝色逐渐消退，被紫红色所替代。

4. 胡须

下颌处长有较长的细绒毛，形似胡须，飘逸柔顺；母鸡的胡须略长于公鸡的，显得更加温顺可亲。

5. 丝毛

全身被盖白色丝状绒毛，公、母鸡主翼羽及公鸡尾羽有少数扁羽。

6. 毛脚

两腿外侧长有丛状绒羽，跖部长有细密白毛，似裙装、毛裤。

7. 五爪

普通鸡为四爪，而泰和乌鸡在两脚的后趾基部又生一趾，为五爪。传说龙有五爪，又称其为“龙爪”。变异或杂种类型也有一只脚为四或六只爪。

8. 乌皮

乌鸡全身皮肤、眼、喙、爪均为黑色，舌色有深有浅。

9. 乌肉

全身肌肉、脏器及腹内脂肪均为乌黑色，胸肌和腿肌色呈浅黑色。

10. 乌骨

骨膜上有大量黑色素沉积，漆黑发亮，骨质及骨髓为浅黑色。

1.3.2 泰和乌鸡的观赏价值

泰和乌鸡以美丽的外貌、丰富的营养、特殊的药效驰名中外，为我国古代著名鸡种之一。它是封建社会进贡的皇宫珍品。1915 年，在巴拿马国际贸易博览会上被定为“世界观赏鸡”名扬全球。1974 年，被列为国际标准品种。这种珍禽又曾于 1988 年在日本名古屋召开的第 18 届世界家禽会议暨博览会上展出，其形体优美，羽毛洁白如絮，博得群众的赞赏。

1.4 泰和乌鸡生理特征

1.4.1 泰和乌鸡的生物特性

泰和乌鸡饲养历史悠久，长期以来在生态条件的自然选择下，世代衍生形成了独特的生物学特性。它具有体小、敏捷、觅食力强、适应性好等特点。

1. 适应性

成鸡对环境的适应性较强，患病较少，但幼雏体小，体质弱，抗逆性差，过去人们普遍认为其易病，易死，难养。但经多年来的选育研究和提高饲养管理技术水平，育雏率、育成率和种鸡存活率均达到 95%左右。泰和乌鸡耐热性很强，但怕冷怕湿，饲养中应特别注意。

2. 胆小怕惊

泰和乌鸡胆小，一有异常动静即会造成鸡群受惊，影响生长发育和产蛋，因此，应创造一个较宁静的饲养环境。

3. 群居性强

泰和乌鸡性情极为温和，不善争斗，但最好公母分群，大小分群饲养，使鸡群生长发育均匀、整齐。

4. 善走喜动

泰和乌鸡善走喜动，但飞翔能力较差，管理方便，一般采用地面平养或网上平养为宜。

5. 食性广杂

一般的玉米、稻谷、大小麦、糠麸、青绿饲料均能喂饲，但应注意饲料要全价，这样有利于鸡的生长发育和繁殖性能的提高。

6. 就巢性强

就巢性是禽类繁殖后代的本能，泰和乌鸡的就巢性强。

1.4.2　泰和乌鸡的生产性能

泰和乌鸡体型较小，生长速度较慢。雏鸡出壳平均体重 27.02 g，10 日龄 38.64 g，30 日龄 125.60 g，60 日龄 348.90 g，90 日龄 688.30 g，120 日龄 864.72 g，150 日龄 1012.25 g，180 日龄 1210.63 g，开产日龄（产蛋率达 5%）为 158 日龄。90 日龄公母平均屠宰率 89.40%，半净膛率 88.25%，全净膛率 81.23%，胸肌率 18.25%，腿肌率 23.20%。

成年公鸡体重 1.4～1.8 kg，母鸡体重 1.2～1.4 kg。泰和乌鸡繁殖率低，母鸡年产蛋量 80～100 枚，蛋重 38～42 g，蛋形指数 1.2～1.3，蛋壳以浅褐色和浅白色为主，种蛋受精率 89%，受精蛋孵化率 85%～88%。母鸡就巢性强，在自然情况下，一般每产 10～12 枚蛋就巢 1 次，每次就巢在 15 天以上。种蛋孵化期为 21 天。

1.5　泰和乌鸡原产地域保护

原产地域保护是指为保证原产地域产品的质量和特色，规范产品专用标志使用而制定的制度和政策。1999 年 7 月 30 日国家质量技术监督局局务会议通过《原产地域产品保护规定》，同年 8 月发布施行。

某产品若满足仅产自特定地域且其特有的品质、名声等特性本质上由其产地的自然、人文因素决定两大条件，可经国家质量监督检验检疫总局审核批准，以产地地理名称命名该产品。

2004 年 10 月，国家质量监督检验检疫总局批准对泰和乌鸡实行原产地域保护，并颁发了公告和保护牌，成为全国第一个活体原产地域保护产品（图 1.2）。

图 1.2　泰和乌鸡原种场

2005 年 7 月 15 日起施行《地理标志产品保护规定》，《原产地域产品保护规定》同时废止。2009 年，原产地域保护产品统称为地理标志。

1.6　中国驰名商标泰和乌鸡

中国驰名商标是指在中国为相关公众熟知，竞争力强，有良好商业价值，影响范围广，经有关机关依照法律程序认定为“驰名商标”的商标，具有区别于一般商标的跨类保护作用。

“泰和乌鸡”具有肉食及制药作用，既是农产品，又是动禽药材。它的独特性在于既是生物学上的珍贵家禽，又是具有相当知识产权的知名品牌。江西泰和乌鸡协会于 2001 年将“泰和乌鸡及图”注册商标。2007 年 9 月国家工商行政管理总局商标局行政认定“泰和乌鸡及图”商标为中国驰名商标。

“泰和乌鸡及图”商标认定为中国驰名商标以来，泰和县人民政府颁发了《泰和乌鸡商标保护管理办法》和《泰和乌鸡规范管理实施方案》，制定了《“泰和乌鸡”标志标识使用管理规则》，启动了泰和乌鸡数码防伪系统。

1.7　泰和乌鸡世界知识产权保护

2006 年“泰和乌鸡及图”商标被认定为江西省著名商标；2007 年 3 月“泰和乌鸡及图”商标申请日本、中国香港、中国台湾注册。

2007 年 6 月，由中华人民共和国国家工商行政管理总局和世界知识产权组织联合举办的第二届世界地理标志大会在北京召开，“泰和乌鸡”受邀参展，进一步提高其在国内的知名度。展览上，“泰和乌鸡”受到世界知识产权组织、国家工商行政管理总局商标局的重点关注，接受新闻媒体专访，扩大了其在世界范围内的影响。会后，“泰和乌鸡”被列入世界地理标志产品名录，成为国家工商行政管理总局重点支持项目，“泰和乌鸡”产业发展得到大力支持。

2008 年“泰和乌鸡及图”商标扩大到世界知识产权组织《商标注册用商品和服务国际分类》12 个大类 198 个品种商标注册，已被国家工商行政管理总局商标局受理。

1.8　泰和乌鸡地理标志

地理标志是世界贸易组织（WTO）的《与贸易有关的知识产权协议》（TRIPs）中规定的一种新型知识产权形式，定义为“其标示证明某一商品来源于某一成员国地域内，或该地域中某一地区或该地区内的某一地点，且该产品的特定品质、声誉及其他特征主要与其地理来源相关”。TRIPs 中对“地理标志”作了详尽定义，并明确规定了 WTO 成员方对地理标志的保护义务。

地理标志三大基本特征为

（1）标明了商品原产地的地理位置或服务的真实来源；

（2）该商品有独特质量、声誉或其他特质；

（3）该商品的特征本质主要或完全取决于其特殊的地理环境、自然条件、人文因素等。

2001 年修订的《中华人民共和国商标法》首次以法律形式对地理标志进行保护。

2002 年修订的《中华人民共和国商标法实施条例》规定，地理标志可作为证明商标或集体商标受到保护。

2005 年 5 月 16 日国家质量监督检验检疫总局局务会议审议通过《地理标志产品保护规定》，自 2005 年 7 月 15 日起施行，规范了地理标志产品名称和专用标志的使用，加强我国地理标志产品的保护。

中华人民共和国农业部于2008年2月1日颁布并施行《农产品地理标志管理办法》，以保证地理标志农产品的质量和特色，提升其市场竞争力。

此外，地理标志产品还可借助《中华人民共和国产品质量法》《中华人民共和国反不正当竞争法》《中华人民共和国广告法》等进行保护。

2004年国家质量监督检验检疫总局批准泰和乌鸡为我国首例活体原产地域保护产品，后改为地理标志产品。

2007年6月"泰和乌鸡"参加第二届世界地理标志（北京）大会展览并被国家工商行政管理总局确认为地理标志，国家质量监督检验检疫总局颁布地理标志产品泰和乌鸡国家质量标准。

1.9 小　　结

泰和乌鸡产于我国江西省泰和县，是在规定的地理标志保护范围内饲养的，具有"十全"特征的丝羽乌鸡，其体形娇小玲珑，外貌独特，集药用、滋补、观赏于一体，是药膳两用的珍贵禽类种质资源。

参考文献

贺滝才. 2003. 我国的乌骨鸡与中国泰和鸡及其药用价值. 中国农业科技导报, 5(1): 64-66.
李海娇, 郑建平. 2006. 地理标志保护与江西农业经济发展. 中国西部科技, (35): 4.
李文斌. 1994. 泰和乌鸡饲养技术. 科技广场, (1): 14-15.
李玉祥, 程彤. 1994. 中国泰和鸡资源与开发利用. 北京: 科学出版社.
邱礼平, 姚玉静. 2005. 泰和乌鸡在食品和药品中应用进展. 中国家禽, 27(23): 54-56.
谢明勇, 田颖刚, 涂勇刚. 2009. 乌骨鸡活性成分及其功能研究进展. 现代食品科技, 25(5): 461-465.
张今. 2000. 对驰名商标特殊保护的若干思考. 政法论坛, (2): 33-40.
钟向阳. 2012. 规范"泰和乌鸡"标识的使用管理. 工商行政管理, (11): 80.
朱方. 2012. 泰和乌鸡抗疲劳功能及黑色素抗氧化功能研究. 杭州: 浙江大学.

第 2 章　泰和乌鸡的营养组成

泰和乌鸡是我国家禽品种库中，具有特殊经济价值的珍贵品种，具有很高的滋补、药用和观赏价值，历来称誉世界。明代医药学家李时珍《本草纲目》及现代《中国药用动物志》中记述备详。国内对乌鸡营养价值较为深入的探讨始于 20 世纪 80 年代初对乌鸡化学成分分析。孙龙生等（2000）曾报道了泰和乌鸡肌肉中蛋白质含量的变化规律，结果表明随着乌鸡日龄的增长，胸肌和腿肌蛋白质含量均逐渐增加，分别由 2 周龄的 22.41%、20.26%增加到 28 周龄的 24.04%、21.86%，同周龄腿肌蛋白质含量比胸肌蛋白质含量低 1.5%～2.0%。贺淹才（2003）在其文章中指出，泰和乌鸡肉的蛋白质含量约为 24%，脂肪含量相对较低，但未提供具体的脂肪含量值。潘珂等（2010）测得的泰和乌鸡和 AA 肉鸡的粗蛋白含量均为 23.5%，二者之间无差异。值得注意的是，源于“中国兽药 114 网”一篇关于“泰和乌鸡的价值”的文章中对于泰和乌鸡肉中蛋白质的含量有这样的论述：“据分析，乌鸡肉中含丰富而全面的人体所需的营养成分，蛋白质含量为 43%～56%”，此说法先后被多家网站转载。田颖刚等（2007）测定了泰和原种乌鸡肉中的总脂质含量，并将其与其他非药用鸡种的总脂肪含量进行分析比较，结果表明泰和原种乌鸡的总脂肪含量最低，为 5.4%，与岭南黄鸡总脂肪含量（6.0%）接近，但却不足崇仁麻鸡总脂肪含量（11.6%）的一半。也有文献报道，泰和乌鸡的粗脂肪含量仅为 AA 肉鸡的 23%（泰和乌鸡为 0.6%，AA 肉鸡为 2.6%）。而目前流传甚广的“泰和乌鸡肉蛋白质含量是普通鸡种的 2 倍，而脂肪含量却不及普通鸡种的 1/2”这一说法显然是不准确、过于绝对和缺乏科学依据的。由此可见，目前关于泰和乌鸡肉中粗蛋白和粗脂肪含量的论述千差万别，没有统一结论，大部分的研究较为片面、不深入，研究资料也相对缺乏。对泰和乌鸡营养成分进行系统全面的研究报道，对于保护优良种质资源，提高泰和乌鸡的生产性能及加快泰和乌鸡资源的开发利用都具有积极的意义。本章主要介绍了泰和乌鸡的营养成分组成。

2.1　泰和乌鸡肉的基本营养成分

鸡肉中主要含有 6 类营养素（图 2.1）。基本营养成分包括水分、粗蛋白质、粗脂肪。本章主要介绍了不同日龄（60～90 天、120～150 天、300～360 天）、不同性别、不同品种（原种、杂交）和不同部位（鸡胸、鸡腿）的泰和乌鸡的蛋白质、脂肪和水分含量，并与市售鸡肉进行对比分析。

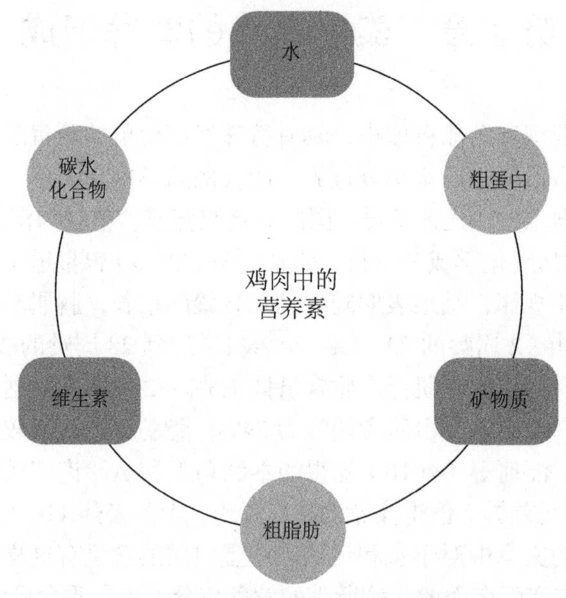

图 2.1 泰和乌鸡肉中的营养素

2.1.1 水分

水是生物体细胞的主要组成成分，有利于体内化学反应的进行，在生物体内还起到运输物质的作用。水分是鸡肉中含量最多的成分，原种泰和乌鸡水分含量在 65.0%～75.0%，杂交泰和乌鸡的水分含量在 72%～76%，普通市售鸡胸肉的水分含量约为 74.3%。经比较分析，杂交乌鸡相较于原种乌鸡水分含量稍高，日龄、性别和部位因素对泰和乌鸡肉中水分含量的影响不显著。

2.1.2 粗蛋白

蛋白质是食品中的七大营养素之一，是构成生命的物质基础。蛋白质对细胞结构的组成，对机体的生长、组织的修复、抗体组成、传递遗传信息等起着重要的作用。鸡肉自古以来是为人类提供优质蛋白的重要大宗肉类，乌鸡体内含有丰富的蛋白质等营养素，营养价值远远高于普通鸡肉。泰和乌鸡和杂交乌鸡的鸡肉样品中，粗蛋白含量差异较小。经测定，不同日龄、不同性别、不同部位的原种泰和乌鸡肉中粗蛋白的含量范围为 20.0%～25.0%，这与杂交泰和乌鸡的粗蛋白含量（19.0%～25.0%）是相当的。一般来说，胸肉中的粗蛋白含量要高于腿肉，

300～360 日龄的原种公乌鸡中的粗蛋白含量最高。

2.1.3　粗脂肪

脂肪是储存和供给机体能量的主要营养素，是组成生物体的重要成分。经测定,泰和乌鸡的粗脂肪含量在0.8%～3.8%,杂交乌鸡的粗脂肪含量在0.1%～5.2%。泰和乌鸡肉中的粗脂肪含量显著低于杂交乌鸡肉。腿肉的粗脂肪含量要普遍高于胸肉，母乌鸡肉的粗脂肪含量要高于公乌鸡肉，日龄越小粗脂肪含量相对越高。在杂交母乌鸡胸肉中粗脂肪含量为 3.9%，而 300～360 日龄的母乌鸡胸肉中粗脂肪含量仅为 1.6%，不足杂交乌鸡胸肉中粗脂肪含量的 1/2，因此可被归类为传统意义上的低脂肪“健康食品”。

不同日龄、不同性别和不同部位的泰和乌鸡肉中粗脂肪和粗蛋白含量的比较分析结果（表 2.1），可以为不同人群、不同个体提供有针对性的合理膳食指导。例如，可以建议健身人群多食用粗蛋白含量高、粗脂肪含量低的泰和乌鸡的鸡胸肉。

表 2.1　泰和乌鸡的基本营养成分分析

样品	含量/（g/100g）		
	水分	粗蛋白	粗脂肪
泰和乌鸡/60～90 天/母/腿	72.1	20.2	1.4
泰和乌鸡/60～90 天/母/胸	70.4	23.8	1.2
泰和乌鸡/60～90 天/公/腿	71.0	20.8	1.7
泰和乌鸡/60～90 天/公/胸	64.9	23.4	1.2
泰和乌鸡/120～150 天/母/腿	73.7	20.2	3.8
泰和乌鸡/120～150 天/母/胸	73.7	22.9	0.8
泰和乌鸡/120～150 天/公/腿	73.9	23.0	1.0
泰和乌鸡/120～150 天/公/胸	74.8	22.7	1.0
泰和乌鸡/300～360 天/母/腿	67.0	20.3	1.9
泰和乌鸡/300～360 天/母/胸	65.6	23.2	1.6
泰和乌鸡/300～360 天/公/腿	72.7	20.4	1.6
泰和乌鸡/300～360 天/公/胸	68.0	24.8	1.2
杂交/60～90 天/母/腿	75.8	19.0	1.9
杂交/60～90 天/母/胸	73.5	22.6	0.4
杂交/60～90 天/公/腿	75.3	19.6	3.4
杂交/60～90 天/公/胸	73.5	22.6	1.1

续表

样品	含量/（g/100g）		
	水分	粗蛋白	粗脂肪
杂交/120～150 天/母/腿	76.1	18.9	1.0
杂交/120～150 天/母/胸	76.0	23.9	0.4
杂交/120～150 天/公/腿	75.8	20.5	4.4
杂交/120～150 天/公/胸	72.6	23.4	2.3
杂交/300～360 天/母/腿	73.3	21.3	5.2
杂交/300～360 天/母/胸	72.8	24.9	0.1
杂交/300～360 天/公/腿	77.1	20.6	3.9
杂交/300～360 天/公/胸	72.3	23.9	0.3

2.2 泰和乌鸡肉的特征脂质组分

脂质是泰和乌鸡肌肉中的重要营养组分之一。很多关于泰和乌鸡的宣传报道都评价其为“理想的高蛋白、低脂肪的营养健康食品”。以上说法存在两点不足之处：首先，没有明确对照物，因此无法得出“高蛋白、低脂肪”的绝对结论；其次，“高蛋白、低脂肪”不等于营养健康，蛋白质和脂肪的质量是评价食物的标准，而不是含量。因此，泰和乌鸡的脂质组成分析，应该从分子水平着眼，研究功能脂质，如共轭亚油酸等的比例构成，从而评价泰和乌鸡肉对健康饮食的贡献。

Tian 等（2011）分析了泰和乌鸡肉中的总脂质、磷脂含量及脂肪酸组成，并与相同条件养殖的岭南黄鸡和崇仁麻鸡鸡肉进行了对比。结果表明，泰和乌鸡肉中的多不饱和脂肪酸、必需脂肪酸和花生四烯酸显著高于其他两种鸡，由此表明泰和乌鸡的脂质组成具有更好的功能营养价值。除磷脂和游离脂肪酸外，脂质还包括胆固醇、鞘脂等重要的组成部分。但是，目前尚无研究对泰和乌鸡肉的脂质组成进行分子水平的组学分析，因而缺乏相关的数据对其功能性脂质进行系统全面的挖掘。因此，本书的研究建立了泰和乌鸡的脂质组学数据库，依据不同日龄、不同性别和部位对泰和乌鸡的脂质特征进行了表征。这项研究工作有助于了解泰和乌鸡的生物活性和鉴别。

2.2.1 不同品种鸡肉的脂质成分

脂质是泰和乌鸡肉的重要营养组分之一，且泰和乌鸡肉是健康的低脂肪肌肉，甘油三酯是人体内含量最多的脂类。经研究（表 2.2）发现，对于母鸡来说，普通市售肉鸡肉的甘油三酯含量显著高于泰和乌鸡和杂交乌鸡；3 个品种鸡肉的总胆固醇含量由高到低依次为杂交乌鸡>普通市售肉鸡>泰和乌鸡；3 个品种鸡肉（公、母）的游离脂肪酸含量均为杂交乌鸡>泰和乌鸡>普通市售肉鸡。对于同一品种的鸡肉，3 个品种的甘油三酯和游离脂肪酸含量均为公鸡>母鸡，杂交乌鸡的总胆固醇含量为母鸡>公鸡，泰和乌鸡和普通市售肉鸡的总胆固醇含量均为公鸡>母鸡。因此，可以推测，性别对 3 个品种鸡肉脂质成分影响较大。

表 2.2　3 个品种鸡肉的脂质成分分析

脂质成分	泰和乌鸡		杂交乌鸡		普通市售肉鸡	
	公	母	公	母	公	母
甘油三酯含量/（mg/g）	16.81	9.37	17.39	9.13	18.43	15.15
总胆固醇含量/（mg/g）	1.00	0.77	1.11	1.13	0.99	0.87
游离脂肪酸含量/（mg/g）	1.15	0.53	2.32	1.39	0.41	0.36

1. 甘油三酯

表 2.3 为不同性别、不同日龄、不同部位的泰和乌鸡和杂交乌鸡的甘油三酯成分分析结果。由表可知，除了日龄为 60～90 天的泰和乌鸡公鸡胸肉、日龄为 120～150 天的泰和乌鸡公鸡胸肉和腿肉中的甘油三酯含量低于杂交乌鸡外，其他样品中泰和乌鸡的甘油三酯含量均高于杂交乌鸡。

表 2.3　泰和乌鸡肉的甘油三酯成分分析

性别	日龄/天	部位	含量/（mg/g）	
			泰和乌鸡	杂交乌鸡
母	60～90	腿肉	91.7	59.8
母	60～90	胸肉	21.1	7.8
公	60～90	腿肉	87.9	67.2
公	60～90	胸肉	16.5	19.2
母	120～150	腿肉	63.5	38.6
母	120～150	胸肉	9.4	9.1
公	120～150	腿肉	12.6	58.5
公	120～150	胸肉	16.8	17.4
母	300～360	腿肉	107.7	66.2

续表

性别	日龄/天	部位	含量/（mg/g）	
			泰和乌鸡	杂交乌鸡
母	300～360	胸肉	61.5	39.9
公	300～360	腿肉	52.7	5.2
公	300～360	胸肉	16.3	3.9

2. 游离脂肪酸

表 2.4 为不同性别、不同日龄、不同部位的泰和乌鸡和杂交乌鸡的游离脂肪酸成分分析。由表可知，泰和乌鸡和杂交乌鸡随着日龄的增长，游离脂肪酸的含量呈下降的趋势。除了日龄为 120～150 天的泰和乌鸡公鸡外，鸡腿肉的游离脂肪酸含量大于鸡胸肉的游离脂肪酸含量。

表 2.4 泰和乌鸡的游离脂肪酸成分分析

性别	日龄/天	部位	含量/（mg/g）	
			泰和乌鸡	杂交乌鸡
母	60～90	腿肉	4.1	3.4
母	60～90	胸肉	1.2	1.0
公	60～90	腿肉	4.2	5.3
公	60～90	胸肉	0.9	2.1
母	120～150	腿肉	3.1	3.4
母	120～150	胸肉	0.5	1.4
公	120～150	腿肉	0.6	4.3
公	120～150	胸肉	1.1	2.3
母	300～360	腿肉	2.8	3.0
母	300～360	胸肉	1.7	1.8
公	300～360	腿肉	2.5	1.0
公	300～360	胸肉	0.9	1.3

3. 磷脂

磷脂作为一类重要的功能性脂质，是构成细胞膜脂质双分子层的重要结构物质，在生物代谢过程中发挥重要作用。泰和乌鸡中的主要磷脂类别见图 2.2。

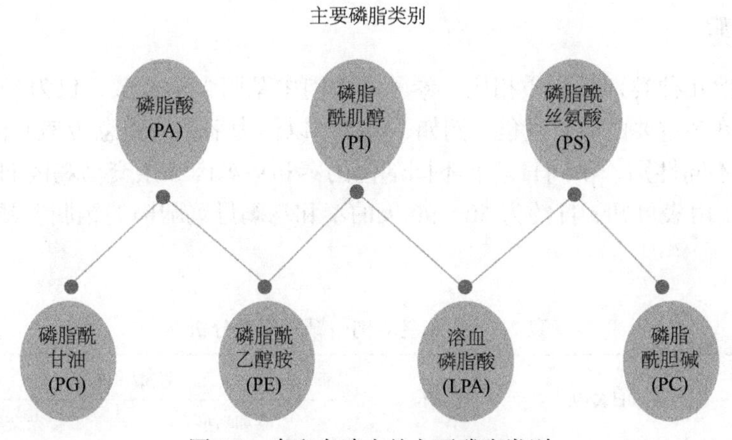

图 2.2　泰和乌鸡中的主要磷脂类别

乌鸡肉中含有丰富的磷脂成分，日本学者落合慧衣子称其是“人类血液的清道夫”。因为磷脂属于两性分子，能够发挥乳化作用，从而清除血管内多余的脂肪和胆固醇。表 2.5 为不同性别、不同日龄、不同部位的泰和乌鸡肉和杂交乌鸡肉中磷脂成分分析结果。由表可知，日龄为 60～90 天的泰和乌鸡母鸡腿肉的磷脂成分含量最高，为 1.2 mg/g。

表 2.5　泰和乌鸡肉中的磷脂分析

性别	日龄/天	部位	含量/（mg/g）	
			泰和乌鸡	杂交乌鸡
母	60～90	腿肉	1.2	0.5
母	60～90	胸肉	0.6	0.3
公	60～90	腿肉	0.2	0.3
公	60～90	胸肉	0.3	0.4
母	120～150	腿肉	0.3	0.6
母	120～150	胸肉	0.6	0.8
公	120～150	腿肉	0.7	0.4
公	120～150	胸肉	0.5	0.8
母	300～360	腿肉	0.4	0.6
母	300～360	胸肉	1.0	0.5
公	300～360	腿肉	0.4	0.8
公	300～360	胸肉	0.7	1.1

4. 鞘脂

与其他几种类别的脂质相比，泰和乌鸡肉中鞘脂含量极微，仅为μg/g量级，但却具有许多重要的生理功能。例如，鞘脂可以作为细胞间信息传递的信号分子。表2.6为不同性别、不同日龄、不同部位的泰和乌鸡肉和杂交乌鸡肉的鞘脂成分分析结果。由表可知，日龄为60～90天的泰和乌鸡母鸡腿肉的鞘脂含量最高，为22.3 μg/g。

表2.6　泰和乌鸡肉中鞘脂成分分析

性别	日龄/天	部位	含量/（μg/g）	
			泰和乌鸡	杂交乌鸡
母	60～90	腿肉	22.3	6.2
母	60～90	胸肉	3.4	6.2
公	60～90	腿肉	4.6	2.0
公	60～90	胸肉	8.7	8.8
母	120～150	腿肉	2.2	11.7
母	120～150	胸肉	11.3	11.5
公	120～150	腿肉	9.6	9.9
公	120～150	胸肉	9.3	16.5
母	300～360	腿肉	1.7	3.6
母	300～360	胸肉	9.4	7.5
公	300～360	腿肉	3.8	24.3
公	300～360	胸肉	14.4	20.7

5. 胆固醇

表2.7为不同性别、不同日龄、不同部位的泰和乌鸡肉和杂交乌鸡肉的胆固醇含量分析结果。除了日龄为120～150天泰和乌鸡公鸡腿肉的胆固醇含量小于鸡胸肉外，其余样品的检测结果均显示，泰和乌鸡和杂交乌鸡腿肉胆固醇含量都大于或等于胸肉胆固醇含量。

表2.7　泰和乌鸡肉中胆固醇组成分析

性别	日龄/天	部位	含量/（mg/g）	
			泰和乌鸡	杂交乌鸡
母	60～90	腿肉	1.6	1.3

续表

性别	日龄/天	部位	含量/（mg/g）	
			泰和乌鸡	杂交乌鸡
母	60～90	胸肉	1.0	1.2
公	60～90	腿肉	1.5	2.8
公	60～90	胸肉	0.9	1.1
母	120～150	腿肉	1.3	1.1
母	120～150	胸肉	0.8	1.1
公	120～150	腿肉	0.8	1.2
公	120～150	胸肉	1.0	1.1
母	300～360	腿肉	1.2	0.9
母	300～360	胸肉	0.9	0.9
公	300～360	腿肉	1.2	1.0
公	300～360	胸肉	1.0	0.8

2.2.2　不同日龄泰和乌鸡肉的脂质组学分析结果

借助液相色谱-质谱技术，分别对不同日龄鸡肉样品中的脂质分子组成进行测定。测定结果如表 2.8 所示。由表可知，不同日龄的泰和乌鸡肉样品中，甘油三酯（13:0/18:2（9*Z*,12*Z*）/22:4（7*Z*,10*Z*,13*Z*,16*Z*））、甘油三酯（14:1（9*Z*）/14:1（9*Z*）/17:2（9*Z*,12*Z*））、甘油三酯（19:0/20:0/20:1（11*Z*））、甘油三酯（20:4（5*Z*,8*Z*,11*Z*,14*Z*）/22:0/22:6（4*Z*,7*Z*,10*Z*,13*Z*,16*Z*,19*Z*））、甘油三酯（14:1（9*Z*）/18:2（9*Z*,12*Z*）/22:5（7*Z*,10*Z*,13*Z*,16*Z*,19*Z*））、甘油三酯（17:0/22:0/22:1（13*Z*））、甘油三酯（18:3（9*Z*,12*Z*,15*Z*）/19:0/19:0）、甘油三酯（18:3（9*Z*,12*Z*,15*Z*）/21:0/22:2（13*Z*,16*Z*））的含量存在显著差异；其中，亚油酸 18:2（9*Z*,12*Z*）是人体维持正常生命活动不可缺少的必需脂肪酸，脂肪酸侧链二十二碳四烯酸（7*Z*,10*Z*,13*Z*,16*Z*）、二十碳四烯酸（5*Z*,8*Z*,11*Z*,14*Z*）、二十二碳六烯酸（4*Z*,7*Z*,10*Z*,13*Z*,16*Z*,19*Z*）、二十二碳五烯酸（7*Z*,10*Z*,13*Z*,16*Z*,19*Z*）、十八碳三烯酸（9*Z*,12*Z*,15*Z*）为多不饱和脂肪酸（PUFA），并且日龄越大，上述多不饱和脂肪酸的含量越高。

不同日龄的乌鸡肉中磷脂酰肌醇（22:0/20:0）、磷脂酸（*P*-20:0/20:2（11*Z*,14*Z*））、磷脂酸（18:3（9*Z*,12*Z*,15*Z*）/18:0）、磷脂酸（22:6（4*Z*,7*Z*,10*Z*,13*Z*,16*Z*,19*Z*）/18:0）、磷脂酸（16:1（9*Z*）/0:0）、磷脂酸（22:1（11*Z*）/0:0）、磷脂酰胆碱（19:1（9*Z*）/18:2（9*Z*,12*Z*））、磷脂酰乙醇胺（*P*-20:0/22:1（11*Z*））、磷脂酰胆碱（*P*-18:1（11*Z*）/20:2（11*Z*,14*Z*））、磷脂酰甘油（18:2（9*Z*,12*Z*）/12:0）、磷脂酰甘油（18:4

（6*Z*,9*Z*,12*Z*,15*Z*）/13:0）、磷脂酰乙醇胺（16:0/22:6（4*Z*,7*Z*,10*Z*,12*E*,16*Z*,19*Z*）（14OH））、磷脂酰乙醇胺-神经酰胺（*d*14:2（4*E*,6*E*）/22:0（2OH））、磷脂酰丝氨酸（22:1（11*Z*）/17:0）、磷脂酸（22:4（7*Z*,10*Z*,13*Z*,16*Z*）/21:0）、磷脂酰乙醇胺（*P*-16:0/20:2（11*Z*,14*Z*））、磷脂酰乙醇胺（*O*-18:1（9*Z*）/0:0）、溶血磷脂酸（0:0/18:0）、磷脂酰乙醇胺（20:4（5*Z*,8*Z*,11*Z*,14*Z*）/15:1（9*Z*））、血磷脂酰乙醇胺（0:0/18:0）、磷脂酸（8:0/8:0）、磷脂酰胆碱（*P*-18:0/12:0）、磷脂酰胆碱（*O*-16:1（11*Z*）/2:0）、磷脂酰胆碱（*P*-16:0/0:0）、磷脂酰甘油（18:2（9*Z*,12*Z*）/22:0）、磷脂酰肌醇（*P*-18:0/22:4（7*Z*,10*Z*,13*Z*,16*Z*））、磷脂酰胆碱（16:0/*P*-18:1（9*Z*）），其中多不饱和脂肪酸侧链十八碳三烯酸（9*Z*,12*Z*,15*Z*）和二十二碳四烯酸（7*Z*,10*Z*,13*Z*,16*Z*）的含量随着日龄的增加而降低，而二十二碳六烯酸（4*Z*,7*Z*,10*Z*,13*Z*,16*Z*,19*Z*）、十八碳四烯酸（6*Z*,9*Z*,12*Z*,15*Z*）和二十碳四烯酸（5*Z*,8*Z*,11*Z*,14*Z*）的含量则随着日龄的增加而升高。由此可以得出结论，随着乌鸡日龄的增加，其鸡肉中所含不饱和脂肪酸的含量呈现上升的趋势，并且日龄与脂肪酸的不饱和度呈现正相关性。

表 2.8　不同日龄泰和乌鸡肉的脂质组学分析结果

序号	脂质名称	精确质量	保留时间/min	*P* 值	VIP 值	差异倍数
1	TG（13:0/18:2（9*Z*,12*Z*）/22:4（7*Z*,10*Z*,13*Z*,16*Z*））[iso6]	887.7094	13.63	0.0003	1.0	0.63
2	PI（22:0/20:0）	985.6611	0.85	0.04	1.0	1.45
3	PA（*P*-20:0/20:2（11*Z*,14*Z*））	1504.1327	4.79	0.0003	1.0	0.13
4	estradiol valerate	711.4666	0.68	0.002	1.1	1.57
5	15:1（7*Z*）	285.2049	0.43	7.14×10^{-7}	1.1	1.92
6	3,4',6'-Trihydroxy-4,2'-dimethoxychalcone 4'-*O*-rutinoside	645.1794	0.38	0.005	1.1	1.39
7	14-hydroxy-12*Z*-tetradecenoic acid	507.3656	1.41	0.004	1.1	0.59
8	PA（18:3（9*Z*,12*Z*,15*Z*）/18:0）	721.4862	1.94	0.02	1.1	0.77
9	（2*E*）-4-hydroxy-3-methylbut-2-en-1-yl trihydrogen diphosphate	306.9981	1.97	8.47×10^{-6}	1.1	1.54
10	DG（18:3（9*Z*,12*Z*,15*Z*）/20:3（8*Z*,11*Z*,14*Z*）/0:0）[iso2]	623.5038	14.09	9.73×10^{-5}	1.1	1.77
11	PA（22:6（4*Z*,7*Z*,10*Z*,13*Z*,16*Z*,19*Z*）/18:0）	793.5018	2.71	0.002	1.1	2.36
12	DG（18:0/18:2（9*Z*,12*Z*）/0:0）[iso2]	603.5353	14.84	0.03	1.1	1.99

续表

序号	脂质名称	精确质量	保留时间/min	P 值	VIP 值	差异倍数
13	26,26,26-trifluoro-25-hydroxyl-27-nor vitamin D_3 / 26,26,26-trifluoro-25-hydroxyl-27-nor cholecalciferol	898.6080	0.52	0.006	1.1	1.34
14	pinosylvin methyl ether	453.2094	0.34	0.02	1.1	2.04
15	13-（beta-D-glucosyloxy）docosanoic acid	499.3634	1.21	1.39×10^{-5}	1.2	2.14
16	3-hydroxyoctadecanoylcarnitine	909.7113	13.14	0.04	1.2	0.54
17	decaprenoxanthin	695.5561	1.73	0.0004	1.2	0.65
18	DG（18:1（9*Z*）/22:0/0:0）[iso2]	661.6134	15.33	0.02	1.2	1.27
19	PA（16:1（9*Z*）/0:0）	409.2345	0.50	0.03	1.2	0.39
20	2,3-Dinor-8-iso-PGF2 α	307.1930	0.55	0.0004	1.3	1.60
21	TG（14:1（9*Z*）/14:1（9*Z*）/17:2（9*Z*,12*Z*））[iso3]	777.5985	4.68	0.0002	1.3	0.28
22	PA（22:1（11*Z*）/0:0）	983.6350	0.75	0.002	1.3	1.28
23	11-Octadecen-1-ol	310.3104	1.34	0.01	1.3	0.42
24	TG（19:0/20:0/20:1（11*Z*））[iso6]	976.9235	15.33	0.03	1.3	1.25
25	5-carboxypyranopelargonidin 3-*O*-beta-glucopyranoside	519.1388	1.83	0.002	1.3	0.48
26	10-methyl-9-hexadecenoic acid	313.2379	1.05	0.0001	1.3	1.74
27	PC（19:1（9*Z*）/18:2（9*Z*,12*Z*））	818.5679	4.32	0.0003	1.3	0.29
28	DG（20:2（11*Z*,14*Z*）/0:0/20:2（11*Z*,14*Z*））（*d*5）	716.5593	6.19	0.04	1.4	0.63
29	2-arachidonoyl glycerol-*d*5	401.3415	1.49	0.04	1.4	0.45
30	2-methylhexadecane	282.3153	0.57	0.02	1.4	0.82
31	1α,25-dihydroxy-11β-phenylvitamin D_3 / 1α,25-dihydroxy-11β-phenylcholecalciferol	534.3914	0.82	0.003	1.5	1.66
32	PE（*P*-20:0/22:1（11*Z*））	858.6663	8.61	0.0006	1.5	2.41
33	2,3-dimethyl-3-hydroxy-glutaric acid	351.1269	0.65	0.0001	1.5	2.01
34	DG（16:0/18:1（11*Z*）/0:0）	577.5197	14.82	0.01	1.5	1.26
35	PC（*P*-18:1（11*Z*）/20:2（11*Z*,14*Z*））	796.6213	4.97	0.003	1.5	0.16
36	PG（18:2（9*Z*,12*Z*）/12:0）	691.4479	1.38	0.005	1.6	3.10
37	DG（18:1（9*Z*）/19:0/0:0）[iso2]	619.5659	14.96	0.02	1.7	1.25

续表

序号	脂质名称	精确质量	保留时间/min	*P* 值	VIP 值	差异倍数
38	avocadene 2-acetate	311.2582	4.83	0.0001	1.7	0.14
39	PG（18:4（6*Z*,9*Z*,12*Z*,15*Z*）/13:0）	665.4227	1.09	0.01	1.7	1.52
40	PE（16:0/22:6（4*Z*,7*Z*,10*Z*,12*E*,16*Z*,19*Z*）(14OH)）	760.4923	2.83	0.0002	1.7	2.42
41	PE-Cer(*d*14:2(4*E*,6*E*)/22:0(2OH))	723.5021	3.78	0.03	1.8	0.38
42	(-)-epicatechin 3-*O*-gallate	907.1660	15.09	0.003	1.8	1.23
43	DG（21:0/22:0/0:0）[iso2]	757.6439	4.00	0.04	1.9	0.26
44	3-hydroxy-4'-methoxyflavone 3-glucoside	878.2815	5.24	7.65×10^{-5}	1.9	0.31
45	DG（18:4（6*Z*,9*Z*,12*Z*,15*Z*）/18:2（9*Z*,12*Z*）/0:0）[iso2]	595.4725	13.28	0.007	1.9	1.34
46	PS（22:1（11*Z*）/17:0）	854.5824	0.53	5.72×10^{-7}	1.9	1.84
47	18:3-glc-campesterol	840.6700	13.66	0.005	1.9	1.94
48	TG(20:4(5*Z*,8*Z*,11*Z*,14*Z*)/22:0/22:6（4*Z*,7*Z*,10*Z*,13*Z*,16*Z*,19*Z*）)	991.8086	0.45	0.001	2.0	1.95
49	termitomycesphin A	1532.1083	4.30	0.04	2.0	0.38
50	SM（*d*18:2/20:1）	1532.1994	4.82	0.0001	2.0	0.22
51	15-methyl-15*S*-PGE2	411.2401	0.51	0.0004	2.0	1.57
52	PA（22:4（7*Z*,10*Z*,13*Z*,16*Z*）/21:0）	1590.1676	4.91	7.66×10^{-5}	2.1	0.19
53	tephcalostan B	313.0514	0.34	0.009	2.1	1.79
54	medicagol	330.9986	0.89	3.01×10^{-7}	2.1	1.93
55	PE（*P*-16:0/20:2（11*Z*,14*Z*））	748.5292	4.36	0.0001	2.2	0.25
56	PE（*O*-18:1（9*Z*）/0:0）	464.3138	3.97	0.02	2.2	0.40
57	DG（12:0/12:0/0:0）[iso2]	498.4154	0.93	0.004	2.2	1.59
58	TG（14:1（9*Z*）/18:2（9*Z*,12*Z*）/22:5（7*Z*,10*Z*,13*Z*,16*Z*,19*Z*））[iso6]	892.7372	13.41	0.002	2.2	1.54
59	callistephin	468.0856	1.20	0.01	2.3	1.33
60	LPA（0:0/18:0）	461.2636	0.92	0.004	2.3	1.80
61	diisopentyl thiomalate	598.3491	0.59	3.12×10^{-5}	2.4	0.64
62	GalCer（*d*18:0/24:0）	796.7036	4.96	0.0004	2.4	0.31
63	PE(20:4(5*Z*,8*Z*,11*Z*,14*Z*)/15:1(9*Z*))	758.4472	0.56	0.003	2.4	1.75
64	LysoPE（0:0/18:0）	963.6390	0.92	0.04	2.4	0.61

续表

序号	脂质名称	精确质量	保留时间/min	P 值	VIP 值	差异倍数
65	TG（17:0/22:0/22:1（13*Z*））[iso6]	1004.9565	15.91	0.01	2.5	1.17
66	（25*S*）-5*α*-cholestan-3*β*,4*β*,6*α*,8*β*,15*α*,16*β*,26-heptol	502.3734	0.61	0.0005	2.5	0.67
67	PA（8:0/8:0）	425.2294	0.40	0.007	2.5	1.63
68	12-hydroxyjasmonic acid 12-*O*-beta-D-glucoside	409.1833	0.34	0.008	2.6	1.81
69	24-Nor-5*β*-cholane-3*α*,7*α*,12*α*-triol	773.5980	4.67	0.0006	2.6	0.25
70	11-acetoxy-3*β*,6*α*-dihydroxy-24-methyl-27-nor-9,11-seco-5*α*-cholesta-7,22*E*-dien-9-one	457.3305	0.99	3.44×10^{-5}	2.7	0.67
71	DG（*O*-16:0/18:1（9*Z*））	603.5336	17.89	0.03	2.7	1.20
72	PC（*P*-18:0/12:0）	690.5427	6.06	0.0004	3.0	0.42
73	ceriporic acid B	355.2850	3.66	0.04	3.2	2.00
74	TG（18:3（9*Z*,12*Z*,15*Z*）/19:0/19:0）[iso3]	895.8090	15.39	0.03	3.3	1.26
75	PC（*O*-16:1（11*Z*）/2:0）	566.3462	0.68	0.003	3.3	1.57
76	PC（*P*-16:0/0:0）	478.3291	1.25	6.94×10^{-6}	3.4	2.22
77	DG（18:3（9*Z*,12*Z*,15*Z*）/20:1（11*Z*）/0:0）[iso2]	627.5343	13.86	0.02	3.5	0.78
78	3,4,7,11-tetramethyl-6*E*,10*Z*-tridecadienal	295.2260	0.60	0.0001	3.6	1.87
79	TG（18:3（9*Z*,12*Z*,15*Z*）/21:0/22:2（13*Z*,16*Z*））[iso6]	996.8932	14.72	0.02	4.0	1.27
80	PG（18:2（9*Z*,12*Z*）/22:0）	872.6454	1.98	9.60×10^{-5}	4.3	0.73
81	PI（*P*-18:0/22:4（7*Z*,10*Z*,13*Z*,16*Z*））	940.6317	5.23	9.73×10^{-5}	4.3	0.20
82	PC（16:0/*P*-18:1（9*Z*））	744.5893	5.02	0.03	5.2	0.28
83	16:0 sitosteryl ester	1328.2162	14.94	0.01	5.3	1.21
84	CL（1′-（18:1（9*Z*）/18:2（9*Z*,12*Z*））,3′-（20:0/20:0））	1480.1004	5.40	7.66×10^{-5}	5.4	0.31
85	MIPC（*t*20:0/18:0（2OH））	1032.6590	5.57	0.0002	6.6	0.29
86	4-methylhexadecan-7-ol	298.3100	0.58	0.003	6.7	1.73
87	（13*Z*,16*Z*）-docosadienoylcarnitine	480.4044	0.95	0.03	6.9	1.50
88	coenzyme Q10	1726.3923	13.67	0.03	7.9	1.50

注：P 值为显著性差异；VIP 为对投影的可变影响；差异倍数的计算方法是将雌性群体的丰度除以雄性群体的丰度

2.2.3 不同性别泰和乌鸡肉的脂质组学分析结果

表 2.9 为检测出来的不同性别的泰和乌鸡具有显著差异的 11 种脂质分子的详细信息。脂质组学及差异显著性分析结果显示，不同性别的乌鸡肉中磷脂酸（16:0/17:0）、磷脂酸（*O*-18:0/17:1（9*Z*））、磷脂酰甘油（22:6（4*Z*,7*Z*,10*Z*,13*Z*,16*Z*,19*Z*）/17:0）、磷脂酰甘油（*P*-18:0/17:2（9*Z*,12*Z*））、磷脂酰丝氨酸（22:6（4*Z*,7*Z*,10*Z*,13*Z*,16*Z*,19*Z*）/17:2（9*Z*,12*Z*））的含量存在显著差异，并且公鸡肉中的含量均显著高于母鸡肉；其中多不饱和脂肪酸侧链二十二碳六烯酸（4*Z*,7*Z*,10*Z*,13*Z*,16*Z*,19*Z*）有益心脏健康，是大脑形成和智力发育的必需物质，也是视网膜发育的重要物质。

表 2.9　不同性别泰和乌鸡的脂质组学分析结果

序号	脂质名称	精确质量	保留时间/min	*P* 值	VIP 值	差异倍数
1	1,2-eicosanediol	356.3522	1.07	0.04	7.3	0.82
2	14*S*-methyl-1-octadecene	284.3317	0.62	0.04	2.1	0.53
3	24,24-difluoro-1α,25-dihydroxy-26,27-dimethyl-24α-homovitamin D_3 / 24,24-difluoro-1α,25-dihydroxy-26,27-dimethyl-24α-homocholecalciferol	495.3655	1.17	0.002	2.2	0.58
4	DG（12:0/16:0/0:0）[iso2]	495.4407	13.63	0.002	2.1	0.50
5	DG（12:0/16:1（9*Z*）/0:0）[iso2]	493.4256	13.60	0.001	5.1	0.63
6	GalCer（*d*18:1/24:0）	812.6972	10.56	0.002	2.0	0.79
7	PA（16:0/17:0）	697.4528	0.77	0.004	1.6	0.85
8	PA（*O*-18:0/17:1（9*Z*））	675.5354	3.73	0.001	3.5	0.68
9	PG（22:6（4Z,7Z,10Z,13Z,16Z,19Z）/17:0）	1635.0692	3.63	0.04	1.8	0.58
10	PG（*P*-18:0/17:2（9Z,12*Z*））	1507.0869	3.73	0.03	1.5	0.59
11	PS（22:6（4Z,7Z,10Z,13Z,16Z,19Z）/17:2（9Z,12*Z*））	798.4696	0.48	0.04	1.1	0.58

经脂质组学分析识别及显著性分析，不同性别的乌鸡肉中 24,24- difluoro-1α,25-dihydroxy-26,27-dimethyl-24α-homovitamin（维生素 D_3 衍生物）的含量存在显著差异，并且公鸡中的含量要显著高于母鸡，它可以促进肠道钙吸收、诱导骨质钙沉积和预防骨质疏松；不同日龄的乌鸡肉中 estradiol valerate（雌二醇戊酸酯）、26,26,26-trifluoro-25-hydroxyl-27-norvitamin D_3（维生素 D_3 衍生物）、1α,25-dihydroxy-11β-phenylvitamin D_3、（25*S*）-5α-cholestan-3β,4β,6α,8β,15α,

16β,26-heptol、24-Nor-5β-cholane-3α,7α,12α-triol、11-acetoxy-3β,6α-dihydroxy-24-methyl-27-nor-9,11-seco-5α-cholesta-7,22*E*-dien-9-one 的含量存在显著差异，其中雌二醇戊酸酯和维生素 D_3 衍生物的含量随着乌鸡日龄的增加而升高，另外 3 种植物甾醇类化合物呈现相反的趋势。

2.2.4　泰和乌鸡和杂交乌鸡脂质组学分析结果

表 2.10 为检测出来的泰和乌鸡和杂交乌鸡具有显著性差异的 47 种脂类分子的详细信息。在这 47 种脂质中，有 24 种由多不饱和脂肪酸侧链组成。在这 24 种含多不饱和脂肪酸的脂质中，有 19 种脂质含量被测出泰和乌鸡高于杂交乌鸡，这些饱和脂肪酸侧链主要有花生四烯酸、二十碳五烯酸和二十二碳五烯酸，其中，在泰和乌鸡中，二十二碳六烯酸的含量也较高。

表 2.10　泰和乌鸡和杂交乌鸡的脂质组学分析结果

序号	脂质名称	精确质量	保留时间/min	*P* 值	VIP 值	差异倍数
1	PC（*O*-16:0/18:3（9*Z*,12*Z*,15*Z*））	742.5729	5.05	0.002	12.2	2.41
2	TG（18:1（9*Z*）/18:2（9*Z*,12*Z*）/18:3（9*Z*,12*Z*,15*Z*））[iso6]	878.7348	14.18	0.005	9.2	0.45
3	TG（17:0/18:3（9*Z*,12*Z*,15*Z*）/19:1（9*Z*））[iso6]	882.7661	14.75	0.03	7.6	0.55
4	TG（18:0/18:0/18:1（9*Z*））[iso3]	888.8138	15.46	0.01	7.1	0.45
5	PE（18:0/22:4（7*Z*,10*Z*,13*Z*,16*Z*））	795.5812	7.57	0.02	5.9	2.6
6	PC（18:1（9*Z*）/16:0）	759.5724	4.19	0.01	4.9	0.61
7	TG（16:0/20:2（11*Z*,14*Z*）/20:3（8*Z*,11*Z*,14*Z*））[iso6]	908.7811	14.79	0.01	4.7	0.41
8	DG（20:3（8*Z*,11*Z*,14*Z*）/22:5（7*Z*,10*Z*,13*Z*,16*Z*,19*Z*）/0:0）[iso2]	734.5693	5.33	0.04	4.4	0.55
9	TG（14:0/16:0/18:2（9*Z*,12*Z*））[iso6]	802.7029	14.30	0.02	4.3	1.70
10	CL（1′-（20:4（5*Z*,8*Z*,11*Z*,14*Z*）/16:0）,3′-（20:4（5*Z*,8*Z*,11*Z*,14*Z*）/16:0））	1448.9684	13.81	0.03	3.5	0.49
11	PE（*P*-16:0/20:4（5*Z*,8*Z*,11*Z*,14*Z*））	723.5197	5.27	0.02	3.4	0.62
12	PE（21:0/20:4（5*Z*,8*Z*,11*Z*,14*Z*））	809.5912	5.71	0.04	3.3	0.50
13	DG（22:3（10*Z*,13*Z*,16*Z*）/22:5（7*Z*,10*Z*,13*Z*,16*Z*,19*Z*）/0:0）[iso2]	762.6008	7.08	0.04	3.2	0.52
14	TG（15:0/18:2（9*Z*,12*Z*）/19:0）[iso6]	858.7665	14.89	0.001	3.2	1.47

续表

序号	脂质名称	精确质量	保留时间/min	*P* 值	VIP 值	差异倍数
15	PC（*P*-18:0/18:1（9*Z*））	771.6128	8.36	0.04	3.1	0.36
16	PE（*P*-16:0/22:4（7*Z*,10*Z*,13*Z*,16*Z*））	1504.1153	6.47	0.03	2.9	2.15
17	PS（18:0/20:4（5*Z*,8*Z*,11*Z*,14*Z*））	811.5354	4.73	0.04	2.6	1.45
18	*N*-arachidonoyl-dopamine-*d*8	912.7517	13.17	0.01	2.5	2.06
19	Cer（*d*18:1/24:0）	1264.8329	9.20	0.04	2.5	0.32
20	TG（18:1（9*Z*）/18:1（9*Z*）/22:5（7*Z*,10*Z*,13*Z*,16*Z*,19*Z*））[iso3]	932.7803	14.55	0.02	2.4	0.34
21	TG（18:0/20:4（5*Z*,8*Z*,11*Z*,14*Z*）/20:5（5*Z*,8*Z*,11*Z*,14*Z*,17*Z*））[iso6]	928.7499	14.25	0.01	2.4	0.28
22	DG（16:0/16:0/0:0）	551.5022	14.62	0.03	2.4	0.64
23	TG（16:1（9*Z*）/18:0/22:3（10*Z*,13*Z*,16*Z*））[iso6]	910.7975	15.04	0.01	2.1	0.48
24	TG（16:0/18:0/20:0）[iso6]	908.8633	15.70	0.04	2.0	0.27
25	PA（*P*-18:0/0:0）	464.3133	0.94	0.004	1.9	3.27
26	TG（17:1（9*Z*）/18:3（9*Z*,12*Z*,15*Z*）/20:2（11*Z*,14*Z*））[iso6]	910.7856	13.87	0.004	1.9	0.51
27	TG(21:0/22:1(13*Z*)/22:2(13*Z*,16*Z*))[iso6]	1021.9552	16.05	0.04	1.9	1.86
28	TG（17:0/19:0/20:3（8*Z*,11*Z*,14*Z*））[iso6]	912.8136	15.27	0.01	1.9	0.51
29	DG（19:0/22:0/0:0）[iso2]	695.6483	15.01	0.03	1.8	1.94
30	TG（18:1（9*Z*）/18:2（9*Z*,12*Z*）/20:1（11*Z*））[iso6]	910.7973	15.01	0.04	1.8	0.34
31	TG（16:0/18:3（9*Z*,12*Z*,15*Z*）/22:5（7*Z*,10*Z*,13*Z*,16*Z*,19*Z*））[iso6]	920.7691	14.24	0.01	1.7	0.24
32	Cer（*t*18:0/22:0）	681.6503	12.59	0.04	1.6	1.49
33	TG（16:0/17:0/18:0）[iso6]	866.8163	15.33	0.04	1.6	0.43
34	（+）-12-Neophoen-3beta-ol	875.7687	14.05	0.04	1.5	1.86
35	TG（19:0/21:0/22:4（7*Z*,10*Z*,13*Z*,16*Z*））[iso6]	995.9074	16.15	0.02	1.5	0.44
36	TG（16:0/16:1（9*Z*）/17:1（9*Z*））[iso6]	834.7528	14.52	0.04	1.4	0.56
37	TG（16:1（9*Z*）/18:1（9*Z*）/22:5（7*Z*,10*Z*,13*Z*,16*Z*,19*Z*））[iso6]	927.7393	14.33	0.02	1.4	0.36

续表

序号	脂质名称	精确质量	保留时间/min	P 值	VIP 值	差异倍数
38	PC（22:6（4Z,7Z,10Z,13Z,16Z,19Z）/16:0）	805.5614	4.07	0.02	1.3	0.64
39	PC（O-18:0/22:5（7Z,10Z,13Z,16Z,19Z））	863.6598	13.10	0.001	1.3	2.23
40	22:1-glc-sitosterol	919.737	13.26	0.02	1.3	2.30
41	TG（18:1（9Z）/18:1（9Z）/20:1（11Z））[iso3]	935.8023	15.25	0.02	1.2	0.38
42	phenolic phthiocerol	599.5033	14.74	0.03	1.2	0.37
43	DG（18:1（9Z）/20:0/0:0）[iso2]	668.6158	14.20	0.02	1.2	0.68
44	CL（1'-（20:0/20:0）,3'-（20:0/16:0））	1486.1387	5.06	0.01	1.1	1.79
45	PE（16:0/20:4（5Z,8Z,11Z,14Z））	740.5236	4.66	0.01	1.0	0.68
46	TG（18:4（6Z,9Z,12Z,15Z）/20:2（11Z,14Z）/20:4（5Z,8Z,11Z,14Z））[iso6]	926.7359	13.98	0.01	1.0	0.41
47	20:3 cholesteryl ester	674.5954	12.71	0.04	1.0	0.64

2.3　泰和乌鸡的蛋白质组学分析

药食同源是我国传统的养生文化，而泰和乌鸡因具有丰富的营养和特殊的药用价值，正广泛受到国内外的关注。乌鸡被证实的药理作用主要包括益气、滋阴、补血、抗氧化、延缓衰老及提高免疫力等。基于泰和乌鸡高营养和特殊药用价值的研究多集中在多肽、黑色素及脂质方面。而多肽由蛋白质水解产生，近观国内外研究，尚未发现基于蛋白质分子水平研究泰和乌鸡特殊营养及药用价值的报道。

已有研究利用蛋白质组学方法从分子水平探究鸡肉作为功能性饮食或在生长期间的蛋白质变化。研究侧重于从蛋白质组学水平分析鸡肉蛋白质与日龄、饮食和肉品质量的关系。Doherty 等（2004）研究肉蛋两用鸡骨骼肌在不同生长期间的肌肉增长的特点，研究共识别出 53 种蛋白质，且主要为糖酵解酶。Teltathum 和 Mekchay（2009）研究泰式鸡胸肉生长期间的蛋白质分子变化，研究指出其中 5 种蛋白质磷酸甘油酸突变酶 1（phosphoglycerate mutase 1）、载脂蛋白 A1（apolipoprotein A1）、磷酸三糖异构酶 1（triosephosphate isomerase 1）、热休克蛋白（heat shock protein）和脂肪酸结合蛋白 3（fatty acid binding protein 3）与泰式鸡日龄呈正或负相关。Mekchay 等（2010）研究了泰式传统鸡胸肉、泰国市售鸡胸肉蛋白质与肉品嫩度的关系，结果表明糖酵解酶在肉品质量控制中发挥重要作用。本书研究从分子水平着手，研究泰和乌鸡蛋白质组成，探究不同日龄泰和乌鸡肉蛋白质组成变化，并基于蛋白质分子功能分析，从分子水平为泰和乌鸡特殊的营养和药用价值提供理论参考。泰和乌鸡中的蛋白质组学分析流程见图 2.3。

图 2.3　泰和乌鸡中的蛋白质组学分析流程

2.3.1　泰和乌鸡肉全蛋白组成

泰和乌鸡肉中共检测出 580 种蛋白质，其中 276 种蛋白质与鸡肉蛋白质谱库相匹配，还有 304 种蛋白质为未知蛋白，需要进一步的实验研究以确认这些蛋白质的组成。

与鸡肉蛋白质谱库相匹配的 276 种蛋白质中，分子质量在 500 kDa 以上的蛋白质为骨骼肌 RaR 受体 α 亚型蛋白（分子质量：564.8 kDa，等电点：5.67）和肌联蛋白（分子质量：904.2 kDa，等电点：5.96）两种。分子质量在 100～500 kDa 的蛋白质有胶原蛋白、收缩蛋白、肌球蛋白、肌肽合成酶和丙酮酸羧化酶等 28 种。其他蛋白质的分子质量在 5～100 kDa。Teltathum 和 Mekchay（2009）研究指出的与日龄相关的 5 种鸡肉蛋白（磷酸甘油酸变位酶、载脂蛋白、磷酸丙糖异构酶、热敏蛋白和脂肪酸结合蛋白）均在此分子质量范围内。分子质量在 20～40 kDa 的蛋白质种类最多，达 92 种。

2.3.2　不同日龄泰和乌鸡肉差异蛋白

分析不同日龄泰和母乌鸡肉的差异蛋白（表 2.11），与 60～90 日龄的泰和母乌鸡肉相比，120～150 日龄的泰和母乌鸡肉中 13 种蛋白质的丰度持续上升，17 种蛋白质的丰度持续下降；而 300～360 日龄的泰和母乌鸡肉中 14 种蛋白质的丰度持续上升，11 种蛋白质的丰度持续下降。整体来看，与 60～90 日龄的泰和母乌鸡肉相比，L-lactate dehydrogenase（分子质量：36.6 kDa，等电点：8.12）、L-lactate dehydrogenase（分子质量：36.5 kDa，等电点：7.9）、aldolase A（fragment）（分子质量：4.4 kDa，等电点：7.34）、mannose-6-phosphate isomerase（分子质量：40.3 kDa，等电点：6.07）、serum paraoxonase/arylesterase 2（分子质量：7.5 kDa，等电点：4.88）、fast myosin heavy chain HCIII（分子质量：222.8 kDa，等电点：5.8）和 succinyl-CoA:3-ketoacid-coenzyme A transferase（分子质量：56.1 kDa，等

电点：7.91）7 种蛋白质的丰度在 120～150 日龄和 300～360 日龄的泰和母乌鸡肉中均呈现上升趋势，但除 succinyl-CoA:3-ketoacid-coenzyme A transferase（分子质量：56.1 kDa，等电点：7.91）外，另 6 种蛋白质均为 120～150 日龄的泰和母乌鸡肉中丰度最高。而 vimentin（分子质量：46 kDa，等电点：4.84）、mitochondrial ubiquinol-cytochrome c reductase ubiquinone-binding protein qp-c（分子质量：9.5 kDa，等电点：9.6）、eukaryotic translation initiation factor 5A（分子质量：14.7 kDa，等电点：5.34）、peptidyl-prolyl cis-trans isomerase（分子质量：17.8 kDa，等电点：8.09）、glycerol-3-phosphate dehydrogenase（分子质量：80.7 kDa，等电点：7.71）和 troponin C, slow skeletal and cardiac muscles（分子质量：18.4 kDa，等电点：4.18）6 种蛋白质的丰度在 120～150 日龄和 300～360 日龄的泰和母乌鸡肉中均呈现下降趋势，而原肌球蛋白 β 链（tropomyosin beta chain）（分子质量：32.8 kDa，等电点：4.72）蛋白质的丰度在 120～150 日龄的泰和母乌鸡肉中呈现下降趋势，而在 300～360 日龄的泰和母乌鸡肉中呈现上升趋势。

表 2.11　不同日龄泰和母乌鸡肉差异蛋白分析

蛋白质编号	蛋白质	分子质量/kDa	等电点	*B/A*	*C/A*
G1N679	L-lactate dehydrogenase	36.6	8.12	2.92	1.23
E1BTT8	L-lactate dehydrogenase	36.5	7.9	2.25	1.31
Q92007	aldolase A（fragment）	4.4	7.34	2.01	1.28
A0A1D5Q008	mannose-6-phosphate isomerase	40.3	6.07	1.46	1.26
A0A1L1RPB7	serum paraoxonase/arylesterase 2	7.5	4.88	1.41	1.38
Q8AY28	fast myosin heavy chain HCIII	222.8	5.8	1.41	1.27
F1N9Z7	succinyl-CoA:3-ketoacid-coenzyme A transferase	56.1	7.91	1.26	1.27
G1N071	malate dehydrogenase	36.5	7.36	1.32	—
Q91348	6-phosphofructo-2-kinase/fructose-2,6-bisphosphatase	54.4	7.21	1.29	—
F1NEQ6	proteasome subunit alpha type	27.5	6.55	1.23	—
A0A1L1S0B1	40S ribosomal protein SA	28.7	4.98	1.22	—
F1NU17	phosphoglycerate kinase	44.6	8.12	1.21	—
R4GM10	fructose-bisphosphate aldolase	39.3	6.64	1.20	—
A0A1L1RTZ2	60S ribosomal protein L27	11.8	10.29	—	1.36
A0A1D5PDF1	glutathione S-transferase	25.4	7.3	—	1.31
A0A1L1RJ56	60S ribosomal protein L13	18.1	11.17	—	1.29
Q9DE65	mimecan	33	6.55	—	1.25
P19352	tropomyosin beta chain	32.8	4.72	—	1.21

续表

蛋白质编号	蛋白质	分子质量/kDa	等电点	*B*/*A*	*C*/*A*
F1NAD3	creatine kinase S-type, mitochondrial	47.1	8.63	—	1.21
P19352	tropomyosin beta chain	32.8	4.72	0.66	1.21
A0A1L1RXL9	vimentin	46	4.84	0.82	0.79
D0VX32	mitochondrial ubiquinol-cytochrome c reductase ubiquinone-binding protein qp-c	9.5	9.6	0.80	0.83
A0A1L1RQA1	eukaryotic translation initiation factor 5A	14.7	5.34	0.78	0.79
D0EKR3	peptidyl-prolyl cis-trans isomerase	17.8	8.09	0.75	0.72
F1NCA2	glycerol-3-phosphate dehydrogenase	80.7	7.71	0.72	0.70
P09860	troponin C, slow skeletal and cardiac muscles	18.4	4.18	0.67	0.71
P62801	histone H4	11.4	11.36	0.80	—
P20763	Ig lambda chain C region	11.4	6.51	0.81	—
P84172	elongation factor Tu, mitochondrial（fragment）	38.2	8.76	0.73	—
P68247	troponin Ⅰ, fast skeletal muscle	21.2	9.14	0.72	—
P02467	collagen alpha-2（Ⅰ）chain	128.9	9.2	0.72	—
Q9PSQ9	alpha-1,4 glucan phosphorylase（fragment）	9.9	5.34	0.72	—
A0A1D5NY11	collagen alpha-1（Ⅲ）chain	118.8	8.82	0.72	—
P09102	protein disulfide-isomerase	57.4	4.81	0.70	—
P02457	collagen alpha-1（Ⅰ）chain	137.7	5.62	0.65	—
P58773	tropomyosin alpha-1 chain	32.7	4.74	0.61	—
P67882	cytochrome c	11.7	9.5	—	0.81
A0A1L1RVY8	L-lactate dehydrogenase	27.8	7.52	—	0.80
P07630	carbonic anhydrase 2	29	7.05	—	0.80
A0A1D5P5R0	heat shock protein HSP 90-alpha	83	5.12	—	0.78
Q9PSQ9	alpha-1,4 glucan phosphorylase（fragment）	9.9	5.34	—	0.78

注：*A*：60～90 日龄原种泰和母乌鸡；*B*：120～150 日龄原种泰和母乌鸡；*C*：300～360 日龄原种泰和母乌鸡

分析不同日龄泰和公乌鸡肉的差异蛋白（表 2.12），与 60～90 日龄的泰和公乌鸡肉相比，120～150 日龄的泰和公乌鸡肉中 17 种蛋白质的丰度持续上升，3 种蛋白质的丰度持续下降；而 300～360 日龄的泰和公乌鸡肉中 13 种蛋白质的丰度持续上升，7 种蛋白质的丰度持续下降。整体来看，与 60～90 日龄的泰和公乌鸡肉相比，L-lactate dehydrogenase（分子质量：36.5 kDa，等电点：7.9）、L-lactate dehydrogenase（分子质量：36.6 kDa，等电点：8.12）、hemoglobin subunit alpha-A

（分子质量：15.4 kDa，等电点：8.44）、aldolase A（fragment）（分子质量：4.4 kDa，等电点：7.34）、troponin Ⅰ, fast skeletal muscle（分子质量：21.2 kDa，等电点：9.14）、fructose-bisphosphate aldolase（分子质量：39.3 kDa，等电点：6.64）、tropomyosin alpha-1 chain（分子质量：32.7 kDa，等电点：4.74）、peroxiredoxin-6（分子质量：25.1 kDa，等电点：6.38）、60S ribosomal protein L27（分子质量：11.8 kDa，等电点：10.29）、heat shock protein beta-1（分子质量：21.8 kDa，等电点：6.7）、fructose-bisphosphate aldolase（fragment）（分子质量：2.3 kDa，等电点：6.49）、creatine kinase M-type（分子质量：43.4 kDa，等电点：6.99）和 adenylate kinase isoenzyme 1（分子质量：21.7 kDa，等电点：8.59）13 种蛋白质的丰度在 120～150 日龄和 300～360 日龄的泰和公乌鸡肉中均呈现上升趋势，其中，L-lactate dehydrogenase（分子质量：36.6 kDa，等电点：8.12）、hemoglobin subunit alpha-A（分子质量：15.4 kDa，等电点：8.44）、aldolase A（fragment）（分子质量：4.4 kDa，等电点：7.34）、fructose-bisphosphate aldolase（分子质量：39.3 kDa，等电点：6.64）、tropomyosin alpha-1 chain（分子质量：32.7 kDa，等电点：4.74）、peroxiredoxin-6（分子质量：25.1 kDa，等电点：6.38）、60S ribosomal protein L27（分子质量：11.8 kDa，等电点：10.29）、heat shock protein beta-1（分子质量：21.8 kDa，等电点：6.7）、fructose-bisphosphate aldolase（fragment）（分子质量：2.3 kDa，等电点：6.49）、creatine kinase M-type（分子质量：43.4 kDa，等电点：6.99）和 adenylate kinase isoenzyme 1（分子质量：21.7 kDa，等电点：8.59）11 种蛋白质的丰度随日龄的增加呈现上升趋势。而 glycogen [starch] synthase（fragment）（分子质量：27.4 kDa，等电点：8.4）、alpha-1,4 glucan phosphorylase（fragment）（分子质量：9.9 kDa，等电点：5.34）和 histone H4（分子质量：11.4kDa，等电点：11.36）3 种蛋白质的丰度随日龄的增加呈现下降趋势。此外，collagen alpha-1（Ⅰ）chain（分子质量：137.7 kDa，等电点：5.62）、hemoglobin subunit beta（分子质量：16.5 kDa，等电点：8.63）、Ig lambda chain C region（分子质量：11.4kDa，等电点：6.51）和 peptidyl-prolyl cis-trans isomerase（分子质量：17.8 kDa，等电点：8.09）4 种蛋白质的丰度在 120～150 日龄的泰和公乌鸡肉中呈现上升趋势，而在 300～360 日龄的泰和公乌鸡肉中呈现下降趋势。

表 2.12　不同日龄泰和公乌鸡肉差异蛋白分析

蛋白质编号	蛋白质	分子质量/kDa	等电点	*E*/*D*	*F*/*D*
E1BTT8	L-lactate dehydrogenase	36.5	7.9	2.23	1.50
G1N679	L-lactate dehydrogenase	36.6	8.12	1.80	10.18
P01994	hemoglobin subunit alpha-A	15.4	8.44	1.61	2.15

续表

蛋白质编号	蛋白质	分子质量/kDa	等电点	*E*/*D*	*F*/*D*
Q92007	aldolase A（fragment）	4.4	7.34	1.51	4.34
P20763	Ig lambda chain C region	11.4	6.51	1.49	0.50
P68247	troponin Ⅰ, fast skeletal muscle	21.2	9.14	1.47	1.38
P02457	collagen alpha-1（Ⅰ） chain	137.7	5.62	1.41	0.54
P02112	hemoglobin subunit beta	16.5	8.63	1.36	0.80
R4GM10	fructose-bisphosphate aldolase	39.3	6.64	1.34	2.23
P58773	tropomyosin alpha-1 chain	32.7	4.74	1.34	1.81
F1NBV0	peroxiredoxin-6	25.1	6.38	1.29	1.69
A0A1L1RTZ2	60S ribosomal protein L27	11.8	10.29	1.26	2.48
F1P593	heat shock protein beta-1	21.8	6.7	1.24	1.28
Q7LZE8	fructose-bisphosphate aldolase（fragment）	2.3	6.49	1.24	1.33
P00565	creatine kinase M-type	43.4	6.99	1.23	1.30
P05081	adenylate kinase isoenzyme 1	21.7	8.59	1.21	1.42
D0EKR3	peptidyl-prolyl cis-trans isomerase	17.8	8.09	1.20	0.68
Q805C1	glycogen [starch] synthase（fragment）	27.4	8.4	0.80	0.57
Q9PSQ9	alpha-1,4 glucan phosphorylase（fragment）	9.9	5.34	0.77	0.37
P62801	histone H4	11.4	11.36	0.68	0.60

注：*D*：60～90 日龄原种泰和公乌鸡；*E*：120～150 日龄原种泰和公乌鸡；*F*：300～360 日龄原种泰和公乌鸡

2.3.3 不同性别泰和乌鸡肉差异蛋白

分析不同性别泰和乌鸡肉的差异蛋白（表 2.13），综合来看，collagen alpha-1（Ⅲ）chain（分子质量：118.8 kDa，等电点：8.82）、Ig lambda chain C region（分子质量：11.4 kDa，等电点：6.51）、collagen alpha-1（Ⅰ）chain（分子质量：137.7 kDa，等电点：5.62）、troponin C, slow skeletal and cardiac muscles（分子质量：18.4 kDa，等电点：4.18）、decorin（分子质量：39.6 kDa，等电点：8.32）、collagen alpha-2（Ⅰ）chain（分子质量：128.9 kDa，等电点：9.2）、glycogen [starch] synthase（fragment）（分子质量：27.4 kDa，等电点：8.4）和 desmin（分子质量：53.2 kDa，等电点：5.58）8 种蛋白质在 60～90 日龄的泰和乌鸡中，母乌鸡与公乌鸡肉的蛋白质丰度比值无显著差异，在 120～150 日龄的泰和乌鸡中，母乌鸡比公乌鸡肉的蛋白质丰度比值低，而在 300～360 日龄的泰和乌鸡中，母乌鸡比公乌鸡肉的蛋白质丰度比值高。hemoglobin subunit alpha-A（分子质量：15.4 kDa，等电点：8.44）、cytochrome c（分子质量：11.7 kDa，等电点：9.5）和 fructose-bisphosphate aldolase（分子质量：39.3 kDa，等电点：6.64）3 种蛋白质在 60～90 日龄的泰和乌鸡中，母乌鸡比公乌鸡肉的蛋白质丰度比值高，在 120～150 日龄的泰和乌鸡中，母乌鸡与公乌鸡肉的蛋白质丰度比值无显著性差异，而在 300～360 日龄的泰和乌鸡中母乌鸡比公乌鸡肉的蛋白质丰度比值低。随日龄的增长，泰和乌鸡中 histone H4（分子质量：11.4 kDa，等电点：11.36）母乌鸡与公乌鸡肉的蛋白质丰度比值持续上升而 tropomyosin alpha-1 chain（分子质量：32.7 kDa，等电点：4.74）母乌鸡与公乌鸡肉的蛋白质丰度比值持续下降。

表 2.13　不同性别泰和乌鸡肉差异蛋白分析

蛋白质编号	蛋白质	分子质量/kDa	等电点	*A*/*D*	*B*/*E*	*C*/*F*
A0A1D5NY11	collagen alpha-1（Ⅲ） chain	118.8	8.82	—	0.51	2.18
P20763	Ig lambda chain C region	11.4	6.51	—	0.54	2.01
P02457	collagen alpha-1（Ⅰ） chain	137.7	5.62	—	0.50	1.63
P09860	troponin C, slow skeletal and cardiac muscles	18.4	4.18	—	0.79	1.60
E1BRE9	decorin	39.6	8.32	—	0.68	1.49
P02467	collagen alpha-2（Ⅰ） chain	128.9	9.2	—	0.61	1.37
Q805C1	glycogen [starch] synthase（fragment）	27.4	8.4	—	0.64	1.37
P02542	desmin	53.2	5.58	—	0.72	1.23
Q92007	aldolase A（fragment）	4.4	7.34	—	1.44	0.31
G1N679	L-lactate dehydrogenase	36.6	8.12	—	1.62	0.18
E1BTT8	L-lactate dehydrogenase	36.5	7.9	1.27	1.45	—
P68247	troponin Ⅰ, fast skeletal muscle	21.2	9.14	1.22	0.65	—
P01994	hemoglobin subunit alpha-A	15.4	8.44	1.22	—	0.77
P67882	cytochrome c	11.7	9.5	1.21	—	0.57
R4GM10	fructose-bisphosphate aldolase	39.3	6.64	1.20	—	0.58
P62801	histone H4	11.4	11.36	0.65	0.81	1.27
P58773	tropomyosin alpha-1 chain	32.7	4.74	1.22	0.67	0.53

注：*A*：60～90 日龄原种泰和母乌鸡；*B*：120～150 日龄原种泰和母乌鸡；*C*：300～360 日龄原种泰和母乌鸡；*D*：60～90 日龄原种泰和公乌鸡；*E*：120～150 日龄原种泰和公乌鸡；*F*：300～360 日龄原种原种泰和公乌鸡

2.3.4　小结

泰和乌鸡肉中检测出与鸡肉蛋白质谱库相匹配的蛋白质 276 种，且绝大多数蛋白质的分子质量为 5～100 kDa。泰和乌鸡中检测出胶原蛋白和肌肽合成酶，胶原蛋白使组织器官具有一定的结构和机械力学性质，能够达到保护机体、支撑器官的作用。肌肽是由 β-丙氨酰和 L-组氨酸组成的天然二肽，具有抗氧化、抗糖基化、抗衰老、抗疲劳等功效，对 DNA 损伤有修护作用，参与人体能量代谢，促进细胞能量代谢，提高肌力，改善机体功能等多种作用（黄进等，2004）。可根据不同蛋白质的功能为泰和乌鸡的营养价值和药用特性提供理论支撑。

一些蛋白质与肉品质量和肉品嫩度相关，如肌动蛋白、肌球蛋白重链和肌联蛋白等，一些蛋白质属于代谢酶类，如糖原磷酸化酶、肌酸激酶和磷酸丙酮酸盐水合酶等。泰和乌鸡中肌球蛋白重链和肌酸激酶随乌鸡日龄的增长蛋白质丰度呈持续上升趋势，可依据检测出的蛋白质种类和不同日龄不同性别原种泰和乌鸡肉差异蛋白的种类和丰度，从分子水平为泰和乌鸡的营养价值和药用特性提供依据。

2.4 泰和乌鸡的氨基酸组成分析

氨基酸是生物大分子蛋白质的基本组成单位。食物中 8 种必需氨基酸的含量及构成比例，是决定蛋白质氨基酸营养价值的主要因素。氨基酸是维持人体基本生命活动的物质基础，氨基酸缺乏会导致各种疾病的发生或生命活动终止。

关于泰和乌鸡肉营养价值的研究表明，泰和乌鸡肉中氨基酸含量丰富，种类齐全，氨基酸总量和必需氨基酸含量分别为 20.6%（以鲜重计）和 8.3%，高于麻鸡、鸭、鱼和猪。张家瑞（2003）通过实验比较了乌鸡肉和白鸡肉中氨基酸含量的差异，共检测出 17 种氨基酸，并且乌鸡肉中氨基酸含量比白鸡肉约高出一倍。但是，并不是所有研究都得出了一致的结论。舒希凡等（2001）测定比较了泰和乌鸡、余干乌黑鸡、广丰白耳鸡等 9 个江西地方品种鸡胸肉中氨基酸的含量，发现泰和乌鸡肉在氨基酸总量、相对含量和谷氨酸含量上与其他几种相比并无显著优势。针对以上冲突的实验结论，如果不做进一步的验证查实，而仅仅继续评价“泰和乌鸡肉的氨基酸总量和必需氨基酸[赖氨酸、色氨酸、苯丙氨酸、甲硫氨酸（蛋氨酸）、苏氨酸、异亮氨酸、亮氨酸、缬氨酸]含量均高于其他品种的鸡肉，并且利用率高”是偏颇的，不科学的。因此，依然以原种泰和乌鸡为研究对象、以杂交乌鸡和普通市售肉鸡为对照，对 3 个鸡肉品种的 16 种氨基酸（包括 7 种必需氨基酸）进行分析测定。

2.4.1 不同品种鸡肉的氨基酸组成

由表 2.14 可知，泰和乌鸡、杂交乌鸡、市售鸡（胸肉）中必需氨基酸总量（EAA）

分别为 7.85 g /100 g 、8.14 g /100 g、8.02 g /100 g，杂交乌鸡>市售鸡>泰和乌鸡，$P>0.05$；占氨基酸总量的质量分数（EAA/TAA）分别为 39.77%、40.22%、40.26%，与 WHO/FAO 理想蛋白质标准所规定的 40%相近；非必需氨基酸总量（NEAA）分别为 12.47 g/100 g、12.70 g/100 g、12.51 g/100 g，$P>0.05$，必需氨基酸与非必需氨基酸的比值（EAA/NEAA）分别为 62.95%、64.09%、64.11%，高于 WHO/FAO 理想蛋白质标准规定的 60%。谷氨酸、甘氨酸、丙氨酸、精氨酸和天冬氨酸是肌肉中呈现鲜味的特征氨基酸，对食物蛋白质风味有重要影响。泰和乌鸡、杂交乌鸡、市售鸡（胸肉）中鲜味氨基酸总量（FAA）分别为 8.78 g/100g、8.91 g/100g、8.82 g/100g，$P>0.05$，占氨基酸总量的质量分数分别 44.48%、44.02%、44.28%。

2.14 不同品种鸡胸肉的氨基酸组成分析结果

氨基酸/(g/100g)	品种（胸肉）		
	泰和乌鸡	杂交乌鸡	市售鸡
天冬氨酸	1.97±0.01	2.02±0.01	1.99±0.05
苏氨酸	0.96±0.01	0.98±0.01	0.96±0.02
丝氨酸	0.84±0.01	0.84±0.01	0.84±0.01
谷氨酸	3.30±0.02	3.33±0.02	3.34±0.04
甘氨酸	0.93±0.01[a]	0.93±0.01[a]	0.86±0.02[b]
丙氨酸	1.25±0.01	1.29±0.01	1.28±0.04
缬氨酸	1.03±0.01	1.08±0.01	1.04±0.03
蛋氨酸	0.59±0.01	0.60±0.01	0.61±0.02
胱氨酸	—	—	—
异亮氨酸	0.94±0.02	1.00±0.01	0.97±0.03
亮氨酸	1.66±0.03	1.73±0.01	1.70±0.05
酪氨酸	0.69±0.02	0.73±0.01	0.70±0.02
苯丙氨酸	0.83±0.02	0.86±0.01	0.84±0.03
赖氨酸	1.85±0.01	1.90±0.01	1.89±0.05
组氨酸	0.74±0.01	0.80±0.01	0.79±0.02
精氨酸	1.33±0.04	1.35±0.01	1.34±0.04
脯氨酸	0.84±0.05	0.82±0.01	0.74±0.02
色氨酸	—	—	—
氨基酸总量	19.74±0.26[a]	20.24±0.11[a]	19.92±0.47[a]
必需氨基酸	7.85±0.10[a]	8.14±0.05[a]	8.02±0.22[a]
非必须氨基酸	12.47±0.16[a]	12.70±0.06[a]	12.51±0.25[a]
鲜味氨基酸	8.78±0.09[a]	8.91±0.05[a]	8.82±0.19[a]
EAA/NEAA	62.95%	64.09%	64.11%

续表

氨基酸/(g/100g)	品种（胸肉）		
	泰和乌鸡	杂交乌鸡	市售鸡
EAA/TAA	39.77%	40.22%	40.26%
FAA/TAA	44.48%	44.02%	44.28%

注：TAA 代表氨基酸总量；EAA 代表必需氨基酸总量；NEAA 代表非必需氨基酸总量；FAA 代表鲜味氨基酸总量

各种食品蛋白质中氨基酸的组成及比例都存在差异，其营养价值的优劣主要取决于三个方面：一是所含必需氨基酸的种类是否齐全；二是所含必需氨基酸数量的多少；三是所含必需氨基酸的组成比例。现代营养学认为，某种食物蛋白质所含必需氨基酸的数量和比例越接近人体蛋白质的组成，其营养价值就越高。

对于泰和乌鸡肉中的必需氨基酸而言，分别具有以下特点。

1）苏氨酸

苏氨酸，作为必需氨基酸之一，具有转变为某些其他种类的氨基酸，促进氨基酸组成达到平衡的功能。原种泰和乌鸡肉中，苏氨酸的含量约为 1 g/100 g，与 FAO/WHO 推荐的氨基酸模式谱（EAA/TAA）值 4.0%相近。

2）异亮氨酸

异亮氨酸属于中性氨基酸的一种，可以对肌肉修复、恢复及防止肌肉损伤发挥一系列的作用；占氨基酸总量的 4.8%，与人体必需氨基酸需要量模式的 4.0%接近。

3）亮氨酸

亮氨酸是一种支链氨基酸，能够转化为葡萄糖供给机体能量，并且可以与异亮氨酸和缬氨酸共同作用，控制体内血糖值。它占原种泰和乌鸡肉中氨基酸总量的 8.4%，略高于 FAO/WHO 推荐的氨基酸模式谱值（7.0%）。

4）苯丙氨酸

苯丙氨酸属于芳香族氨基酸，与酪氨酸一起参与体内的糖和脂肪代谢。泰和乌鸡肉中苯丙氨酸占氨基酸总量的 7.7%，略高于人体必需氨基酸需要量模式的 6.0%。

5）赖氨酸

赖氨酸的功能主要表现在促进脂肪代谢和人体发育，增强免疫力，属于碱性必需氨基酸。经计算，泰和乌鸡肉中赖氨酸占氨基酸总量的 9.4%，远远高于 FAO/WHO 的推荐值（5.5%）。

6）缬氨酸

缬氨酸能够供给机体能量，并负责体内氮元素的运输。泰和乌鸡肉中缬氨酸占氨基酸总量的 5.3%，与 FAO/WHO 推荐值 5.0%相近。

2.4.2 小结

泰和乌鸡含有人体所需的各种氨基酸，能够为机体各项生命活动的正常进行提供物质保障，有强身壮体、延缓衰老等功效。

泰和乌鸡肉中各必需氨基酸占氨基酸总量的质量分数（EAA/TAA）均高于或者接近 FAO/WHO 推荐的人体必需氨基酸需要量模式，因此在体内具有较高的利用率，从而可以称泰和乌鸡肉为优质蛋白质食物。

2.5 泰和乌鸡的黑色素分析

“乌鸡”名称来源于其体内存在的黑色素，这也是乌鸡区别于其他禽类的重要标志之一。黑色素分布于泰和乌鸡的皮、肉、骨及内脏中，与人体皮肤、毛发和眼睛中的黑色素一样，属于动物性黑色素。泰和乌鸡的黑色素具有难溶性，不溶于水、酸溶液、几乎所有有机溶剂，微溶于碱，这成为黑色素研究的重要障碍。黑色素的难溶性是由其复杂的化学结构导致的，虽然已有较多的研究，但对其准确具体的分子构成仍然没有定论。现在被普遍接受的观点指出，泰和乌鸡体内的黑色素是由吲哚化合物在酪氨酸酶催化下氧化形成的多聚物分子，但是对于具体的聚合形式及分子量等信息均没有论述。

我国民间流传“逢黑必补”的说法。“黑色属水入肾，肾为先天之本，五脏之首”，由此认为黑色食物具有“滋阴补肾”的功效，也能发挥“养肝补血，暖脾健胃”作用。据此，有学者认为黑色素是乌鸡发挥食疗和药效作用的根源所在。但是，目前并没有充分证据来证明泰和乌鸡黑色素的具体食疗和药效作用是什么，以及它是如何在人体内发挥作用的。

2.5.1 泰和乌鸡黑色素的提取

利用泰和乌鸡黑色素自身的难溶性，采用盐酸过夜浸提和有机溶剂（100%异丙醇、石油醚和丙酮）二次脱脂法，分别对原种泰和乌鸡的皮、肉和骨中的黑色素进行提取。经测定，泰和乌鸡黑色素的提取率为 0.26%～0.31%（湿重法计算）；其中，黑色素的分布规律为鸡皮>鸡骨>鸡肉。

2.5.2 泰和乌鸡黑色素的结构性质分析

1. 泰和乌鸡黑色素提取物的扫描电子显微镜分析

利用扫描电子显微镜对泰和乌鸡黑色素提取物的分散性及微观形态进行了观察。由扫描电子显微镜图（图 2.4）可见，干燥后的黑色素颗粒出现不规则聚集，外观呈椭圆形，直径为 500～600 nm。

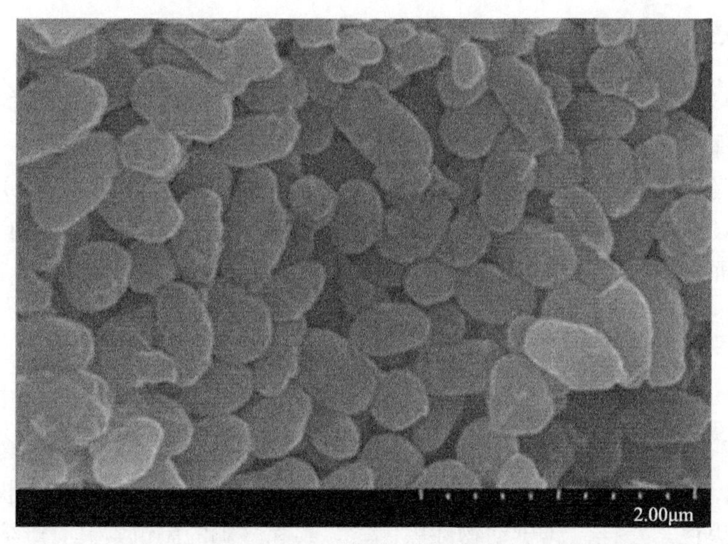

图 2.4　泰和乌鸡黑色素提取物的扫描电子显微镜图

2. 泰和乌鸡黑色素提取物的紫外-可见分光光度计分析

使用紫外-可见分光光度计，在 200～1000 nm 波长范围内测定泰和乌鸡黑色素提取物的吸光度，如图 2.5 所示。结果表明，黑色素在紫外光波长（≤400 nm）下具有最大吸收值，可见光波长范围内（400～760 nm）没有特征吸收峰；随着波长的增加，吸光度值迅速下降。已有大量研究表明，黑色素可以保护皮肤免受紫外线的伤害，减少皮肤病的发生。

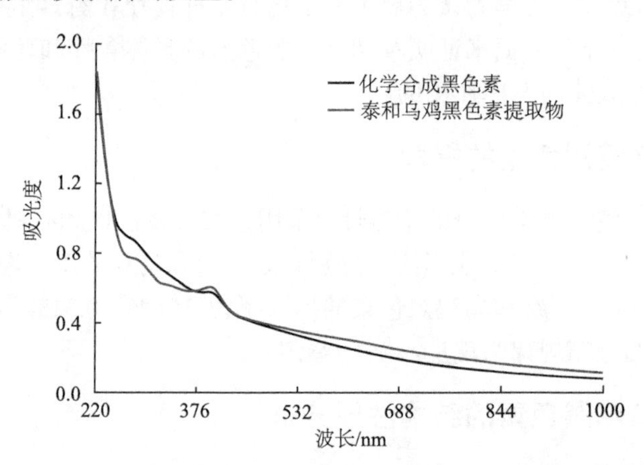

图 2.5　泰和乌鸡黑色素提取物的紫外-可见吸收光谱图

3. 泰和乌鸡黑色素提取物的红外光谱分析

借助傅里叶变换红外光谱仪（FTIR），对提取得到的原种泰和乌鸡黑色素的特征基团进行分析，如图 2.6 所示。结果显示，黑色素提取物中的主要结构官能团为胺和酰胺的 N—H 伸缩振动（3282 cm^{-1}），—CH_3 的非对称伸缩振动（2922 cm^{-1}），—CH_3 的对称伸缩振动（2852 cm^{-1}），C═C、—COO 和 C═O 的伸缩振动（1625 cm^{-1}），N—H 的伸缩振动（1535 cm^{-1}），CH_3—CH_2—的伸缩振动（1461 cm^{-1}），C—N 的伸缩振动（1382 cm^{-1}），苯环上—COH 的伸缩振动（1234 cm^{-1}）。

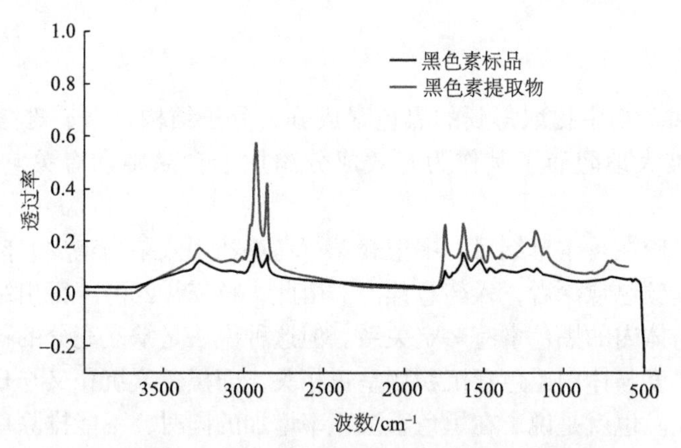

图 2.6　泰和乌鸡黑色素提取物的 FTIR 图谱

2.5.3　泰和乌鸡黑色素对金属离子的螯合作用

黑色素能够与金属离子发生螯合作用。通过对泰和乌鸡黑色素提取物进行电感耦合等离子体质谱检测发现，黑色素可以螯合钠离子（Na^+）、铁离子（Fe^{3+}）、钙离子（Ca^{2+}）、镁离子（Mg^{2+}）等多种金属离子，见表 2.15。黑色素的螯合作用与其分子结构中存在的特性官能团相关。

表 2.15　泰和乌鸡黑色素对金属离子的螯合能力

金属离子	含量/（μg/g）		
	306 天/公/骨	89 天/母/皮	89 天/公/皮
钠离子	2790.2	2870.4	2571.9
铁离子	916.4	635.9	262.9
钙离子	121.1	133.9	111.7
镁离子	108.3	139.3	136.9
钾离子	70.2	67.3	72.5
铝离子	40.0	76.7	50.3

续表

金属离子	含量/（μg/g）		
	306 天/公/骨	89 天/母/皮	89 天/公/皮
锌离子	9.6	1.9	2.2
铜离子	6.4	2.3	2.6

2.5.4 小结

原种泰和乌鸡中提取得到的黑色素成分，分子结构复杂、难溶、生物可利用性差，这极大地阻碍了其作为有效成分添加于食品中和有关它的功能机制研究。

明代李时珍在《本草纲目》中记载："乌鸡药用效果与鸡皮、肉、骨的黑色深浅有关，其颜色愈深者，入药愈佳。"由此，林霖（2007）得出结论认为乌鸡的独特作用与体内的黑色素有一定关系。但这种说法是缺乏充分的科学依据的。乌鸡皮肤的黑度与体内黑色素沉积率呈正相关，而黑色素沉积又与日龄、性别等多项指标相关。也就是说，在黑色素沉积率增加的同时，不能排除乌鸡体内其他有益成分的含量也发生了显著的变化，进而对乌鸡功效产生了影响。颜色加深只是能看得见的表象，功效提升的原因需要进一步的研究予以证明。

目前对泰和乌鸡黑色素的利用，绝大部分停留在浸泡提取其小分子活性成分的阶段，但是针对黑色素而言，单纯的浸泡法是无法使其发挥功能作用的。因此，未来针对黑色素的开发利用，需要找到适合的溶剂提高其溶解度，或者是对黑色素进行适度改性，在保留其功能特性和生理作用的基础上，使其能够更加高效、稳定地发挥对健康有益的作用。

2.6 泰和乌鸡的维生素组成分析

维生素是一切生命活动正常进行的基石。维生素主要包括水溶性和脂溶性两大类。其中，水溶性维生素主要包括 B 族维生素和维生素 C，脂溶性维生素主要包括维生素 A、维生素 D、维生素 E、维生素 K，如图 2.7 所示。每种维生素都因其结构和性质的差异，在人类不同的生命过程中发挥至关重要的作用。

鸡胸肉中含有丰富的烟酸和维生素 B_6，100 g 鸡胸肉可分别提供 56%和 27%每日需要量的烟酸和维生素 B_6。Strobel 等（2013）报道了去皮鸡胸肉中维生素 D 的含量，不足 0.004 μg/g。同样是脂溶性的维生素 E，Ponnampalam 等（2016）研究了其在不同饲料养殖的羊肉中的含量差异，结果表明，待测羊肉样品中维生素

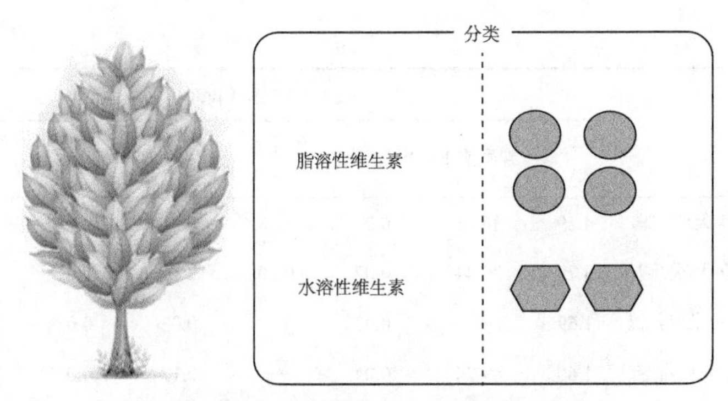

图 2.7　泰和乌鸡中的主要维生素组成

E 的含量范围为 0.9～1.3 μg/g。维生素 A 主要存在于动物的肝脏中；维生素 C 属于水溶性维生素，一般在水果蔬菜中含量比较丰富，肉中的含量较少，因此关于其在肉品中含量的报道并不多见。

泰和乌鸡的“优秀”需要维生素来“成就”。很多关于泰和乌鸡营养价值的文章中都曾提到，“泰和乌鸡所含的维生素非常多”“泰和乌鸡内含丰富的 B 族维生素”“泰和乌鸡含有大量的维生素，包括维生素 A、维生素 B_2、维生素 B_6、维生素 B_{12}、维生素 E”。但是，目前尚没有研究针对泰和乌鸡中维生素的种类及含量进行系统全面的分析，先前的报道中并没有涉及具体的含量信息，人云亦云的比较多，缺乏数据支撑。

2.6.1　泰和乌鸡和杂交乌鸡的维生素组成

1. 维生素 A

维生素 A，又称视黄醇，能够增进视力，体内维生素 A 严重缺乏会导致夜盲症。此外，维生素 A 对于保护肝脏、恢复精力也有很大益处。正常成年人维生素 A 的每日推荐摄入量：女性为 700 μg，男性为 900 μg。动物的肝脏和鱼肝油是维生素 A 的良好食物来源。由表 2.16 得，泰和乌鸡肉中维生素 A 的含量范围是 1.6～4.5 μg/g，不同品种的鸡肉中维生素 A 的含量没有显著差异。

表 2.16　泰和乌鸡的维生素组成

样品	含量/（μg/g）							
	维生素 A	维生素 E	维生素 C	维生素 D_3	维生素 B_1	维生素 B_3	维生素 B_6	维生素 B_7
泰和乌鸡/60～90 天/母/腿	4.46	16.59	0.03	2.34	0.10	0.003	1.55	4.42
泰和乌鸡/60～90 天/母/胸	3.64	10.94	0.08	6.46	0.23	0.01	1.44	0.91

续表

样品	含量/（μg/g）							
	维生素A	维生素E	维生素C	维生素D_3	维生素B_1	维生素B_3	维生素B_6	维生素B_7
泰和乌鸡/60～90天/公/腿	4.29	30.61	0.03	9.18	0.01	0.003	1.39	3.93
泰和乌鸡/60～90天/公/胸	3.79	20.44	0.07	0.39	0.17	0.01	2.30	0.78
泰和乌鸡/120～150天/母/腿	1.69	—	0.07	—	0.02	0.01	0.61	0.78
泰和乌鸡/120～150天/母/胸	1.60	49.24	0.04	—	0.12	0.01	—	2.40
泰和乌鸡/120～150天/公/腿	1.57	20.36	0.18	—	0.11	0.01	—	1.52
泰和乌鸡/120～150天/公/胸	1.56	12.28	0.19	—	0.08	0.01	—	1.64
泰和乌鸡/300～360天/母/腿	3.29	12.37	0.04	0.19	0.05	0.004	3.04	3.01
泰和乌鸡/300～360天/母/胸	3.43	23.75	0.07	3.36	0.28	0.02	1.34	0.60
泰和乌鸡/300～360天/公/腿	3.44	9.91	0.04	2.58	0.003	0.004	1.01	0.76
泰和乌鸡/300-360天/公/胸	3.01	53.79	0.10	5.48	0.22	0.004	0.83	0.58
杂交乌鸡/60～90天/母/腿	3.65	26.69	0.05	2.97	0.40	0.02	1.12	0.87
杂交乌鸡/60～90天/母/胸	4.08	116.98	0.06	17.08	0.12	0.02	1.22	2.04
杂交乌鸡/60～90天/公/腿	4.21	81.65	0.08	3.84	0.22	0.02	1.70	1.09
杂交乌鸡/60～90天/公/胸	4.29	94.12	0.06	16.57	0.01	0.02	1.45	2.26
杂交乌鸡/120～150天/母/腿	2.96	99.46	0.09	2.93	0.33	0.01	1.36	1.11
杂交乌鸡/120～150天/母/胸	3.29	18.28	0.08	6.54	0.03	0.01	1.49	1.53
杂交乌鸡/120～150天/公/腿	3.25	22.06	0.11	10.36	0.41	0.01	1.46	0.85
杂交乌鸡/120～150天/公/胸	3.42	90.65	0.06	17.26	0.02	0.01	1.56	1.79
杂交乌鸡/300～360天/母/腿	2.96	68.97	0.10	12.92	0.18	0.01	1.02	1.03
杂交乌鸡/300～360天/母/胸	3.66	46.78	0.08	23.10	0.03	0.01	1.36	1.51
杂交乌鸡/300～360天/公/腿	3.13	77.95	0.14	4.66	0.32	0.01	2.35	1.07
杂交乌鸡/300～360天/公/胸	3.75	79.21	0.09	6.93	0.06	0.01	2.23	2.84

2. B族维生素

人体必须补充B族维生素，从而促使碳水化合物、脂肪与蛋白质这些营养物释放出能量。B族维生素主要包括维生素B_1、维生素B_2、维生素B_3、维生素B_5、维生素B_6、维生素B_9、维生素B_{12}。

维生素B_1，俗称硫胺素，是与护肤相关的维生素，能够减轻皮肤炎症反应。

维生素 B_1 广泛存在于天然食物中，由表 2.16 得，原种泰和乌鸡肉中其含量在 0.003～0.280 μg/g，与维生素 B_1 含量丰富的葵花籽仁（0.2 μg/g）、花生仁（0.07 μg/g）、大豆（0.04 μg/g）在同一水平。三个不同待测品种的鸡胸肉和鸡腿肉中维生素 B_1 的含量均存在显著性差异，除了泰和乌鸡/120～150天/公的腿肉>胸肉外，其余样品均是腿肉<胸肉。

维生素 B_3，又称烟酸，可以抑制皮肤黑色素的形成，防止皮肤粗糙及保护心血管。原种泰和乌鸡中测得的维生素 B_3 的含量为 0.003～0.020 μg/g，品种、部位、性别及日龄间无显著差异。

维生素 B_6（吡哆醇），广泛存在于动植物中，参与氨基酸、糖原与脂肪酸代谢。维生素 B_6 在泰和乌鸡肉中的含量为 0.6～3.0 μg/g，含量丰富。

维生素 B_7，又称生物素，在原种泰和乌鸡肉中测得的含量为 0.6～4.4 μg/g，并且其在腿肉中的含量显著高于胸肉。维生素 B_7 对于孕妇和体内胎儿的正常发育能够发挥重要的作用。

3. 维生素C

维生素 C（抗坏血酸）属于水溶性维生素，在植物源食物中含量比较丰富，在乌鸡肉中的含量很低，小于 0.14 μg/g（以鲜重计）。维生素 C 具有良好的抗氧化功能，能够有效地清除体内自由基，延缓机体衰老，使机体保持青春活力。由表 2.16 得，原种泰和乌鸡的胸肉和腿肉样品中维生素 C 的含量存在显著差异，腿肉<胸肉；维生素 C 在 300～360 日龄杂交乌鸡肉中的含量要显著高于 60～90 日龄；品种间维生素 C 的含量并无显著差异。

4. 维生素D

维生素 D 有助于体内钙吸收，从而促进儿童骨骼和牙齿发育，并且能够有效降低老年人患骨质疏松症的风险。维生素 D_3（胆钙化醇）是维生素 D 家族中最重要的成员，是 7-脱氢胆固醇经紫外线照射后产生的。动物性食品是天然维生素 D 的主要来源，例如，鳕鱼中维生素 D 的含量为 7.5～32 μg/g。由表 2.16 得，杂交泰和乌鸡和原种泰和乌鸡中维生素 D_3 的含量分别为 2.93～23.10 μg/g 和 0.19～9.18 μg/g，属于维生素 D 含量丰富的食品。

5. 维生素E

较其他几种检测到的维生素而言，脂溶性维生素 E 在泰和乌鸡肉中最丰富。维生素 E，又称生育酚，具有抗氧化的功能，同时能够促进性激素分泌，使女子雌性激素浓度增高，提高生育能力，预防流产，孕妇可适量选择。原种泰和乌鸡中维生素 E 的含量与脆皮核桃（43.4 μg/g）、西瓜子（12.3 μg/g）和腰果（31.7 μg/g）

中的含量接近，因此可以被归类为“维生素 E 富集型食物”。

2.6.2 小结

原种泰和乌鸡肉中含有丰富的脂溶性维生素 A、维生素 D_3、维生素 E 和 B 族维生素，是非常适合儿童、孕妇和老年人等特殊人群的食物。显著性分析结果表明，日龄因素对维生素含量的影响并不显著。这是由于维生素自身的代谢特点导致的，大多数维生素都不在体内储存或者储存时间很短，因此日龄很难对维生素的含量产生影响。

2.7 泰和乌鸡的矿物质元素组成分析

2.7.1 泰和乌鸡基本矿物质成分分析

矿物质和维生素一样，属于微量营养物。虽然人体对它们的需要量很小，每人每日膳食需要量为微克至毫克，但它们却可以为人体的正常新陈代谢与生长发育发挥至关重要的作用。矿物质元素包括常量元素和微量元素，FAO/WHO 提出，人体必需的微量元素包括铁（Fe）、锰（Mn）、锌（Zn）、硒（Se）、铜（Cu）、铬（Cr）、钼（Mo）和钴（Co）八种，如图 2.8 所示。

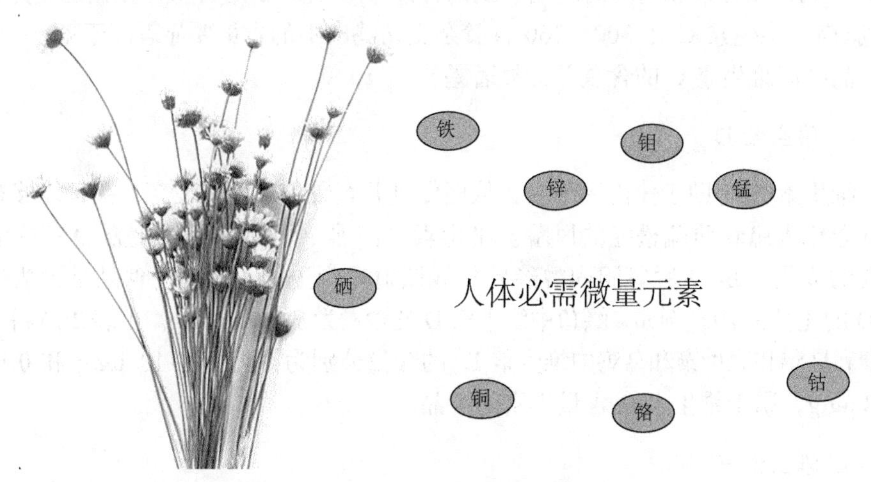

图 2.8　泰和乌鸡中的主要矿物质组成

矿物质是评价泰和乌鸡营养价值的重要指标之一。有文章指出，“泰和乌鸡所含矿物质种类之多在肉类食品中极其罕见”，是人类的理想绿色食品。熊伟（2001）通过对不同日龄的乌鸡与 AA 肉鸡的比较分析，发现乌鸡肉中富含 Ca、Fe、

Zn、Cu、Co等矿物质元素，并且Ca、Fe元素含量高于AA肉鸡。民间流传“不饮武山水，不是武山鸡”的说法。地处赣中南吉泰平原的泰和县，水质优良（偏碱性泉水），土壤和泉水中矿物质元素含量丰富（如Se、Fe、Cu、Ca等），泰和乌鸡因在此培育养殖，导致其肉中富含多种人体必需矿物质元素。但是尚无可查的科学数据来支持二者之间的内在联系，即泰和县水土中特有的丰富微量元素与泰和乌鸡肉中矿物质元素构成之间的内在联系。大多数文章仅仅针对泰和乌鸡肉自身所含的矿物质元素进行定性、定量分析。对泰和乌鸡肉中54种矿物质元素进行了全面检测，远远高于文献中提到的“乌鸡各组织中含26种元素”。表2.17是泰和乌鸡和杂交乌鸡的主要矿物质组成。

表2.17 泰和乌鸡和杂交乌鸡的主要矿物质成分

样品	矿物质含量/（μg/g）									
	Ca	Mg	P	K	Fe	Cu	Cr	Mn	Zn	Se
泰和乌鸡/60～90天/母/腿	322.70	234.22	2028.48	2874.85	22.52	0.840	0.350	0.358	18.463	0.185
泰和乌鸡/60～90天/母/胸	75.55	281.43	2268.58	3197.35	6.09	0.338	0.135	0.200	6.354	0.170
泰和乌鸡/60～90天/公/腿	90.62	233.33	1981.71	2913.61	14.42	0.726	0.296	0.283	18.176	0.198
泰和乌鸡/60～90天/公/胸	63.88	270.22	2193.00	3197.42	7.71	0.613	0.282	0.195	5.603	0.159
泰和乌鸡/120～150天/母/腿	172.10	232.78	2434.86	2844.57	16.60	3.16	0.530	0.217	18.860	3.702
泰和乌鸡/120～150天/母/胸	66.52	283.97	2612.03	3109.41	6.15	2.226	0.413	0.138	6.8489	1.546
泰和乌鸡/120～150天/公/腿	65.88	283.24	2496.19	3072.17	7.11	0.800	0.368	0.135	5.758	0.581
泰和乌鸡/120～150天/公/胸	93.79	277.03	2452.02	2956.81	11.18	0.846	0.517	0.212	5.799	0.367
泰和乌鸡/300～360天/母/腿	278.66	213.64	1950.24	2842.05	16.69	0.792	0.346	0.333	19.800	0.174
泰和乌鸡/300～360天/母/胸	73.90	305.59	2458.23	3384.58	8.06	0.361	0.256	0.214	6.030	0.133
泰和乌鸡/300～360天/公/腿	215.26	238.29	2175.38	3384.45	34.01	1.217	0.455	0.419	22.336	0.215
泰和乌鸡/300～360天/公/胸	84.06	302.02	2444.17	3709.06	17.79	0.564	0.215	0.370	8.106	0.175

续表

样品	矿物质含量/（μg/g）								
	Ca	Mg	P	K	Fe	Cu	Cr	Mn	Zn	Se
杂交乌鸡/60～90天/母/腿	416.96	231.36	2279.27	2384.57	17.50	1.524	0.597	0.373	18.825	0.289
杂交乌鸡/60～90天/母/胸	78.62	284.02	2428.72	2525.74	10.74	2.885	0.539	0.237	7.240	0.165
杂交乌鸡/60～90天/公/腿	77.43	247.95	2445.14	2952.25	18.80	1.024	0.851	0.481	16.341	0.318
杂交乌鸡/60～90天/公/胸	75.87	314.13	2796.41	3182.10	9.97	2.274	0.761	0.366	7.865	0.185
杂交乌鸡/120～150天/母/腿	92.51	245.05	2328.53	2796.19	14.07	1.863	0.531	0.314	18.243	1.647
杂交乌鸡/120～150天/母/胸	69.00	284.17	2496.26	2677.97	14.31	0.611	0.679	0.404	5.243	0.196
杂交乌鸡/120～150天/公/腿	85.08	266.37	2426.14	2870.66	17.39	2.053	0.644	0.369	19.448	1.132
杂交乌鸡/120～150天/公/胸	67.84	304.49	2716.20	3060.31	11.04	0.621	0.755	0.363	5.978	0.458
杂交乌鸡/300～360天/母/腿	63.04	276.01	2789.98	3408.95	18.65	2.596	0.530	0.246	28.254	0.235
杂交乌鸡/300～360天/母/胸	48.53	314.03	2879.43	3295.30	7.82	3.733	0.309	0.177	8.307	0.289
杂交乌鸡/300～360天/公/腿	221.86	214.30	2314.14	2746.47	32.42	1.237	0.556	0.364	27.371	0.938
杂交乌鸡/300～360天/公/胸	69.03	318.50	2928.20	3824.84	55.01	3.376	1.049	0.777	29.513	0.336

由表2.17可得，泰和乌鸡肉中富含磷、钾、钙、镁、铜、锰、锌等多种矿物质，对妇女滋阴补血、延缓衰老和老人、小孩、患者提高免疫力具有重要意义。随着日龄的增加，原种泰和乌鸡肉中铬、铁、锌、锰的含量显著升高。由此可见，老鸡比幼鸡具有更高的营养价值。

1. 钙

钙是构成人体骨骼和牙齿的主要成分，维持人体所有细胞的正常生理状态都依赖钙的存在，钙代谢平衡对于维持生命和健康起至关重要的作用。经测定原种泰和乌鸡肉中钙元素的含量范围为 63～323 μg/g（以鲜重计）；通过对不同日龄、不同部位、不同性别间乌鸡钙元素含量的差异分析，发现性别和日龄对钙元素含量的影响不显著，鸡腿肉中的含量要高于鸡胸肉。

2. 镁

镁属于矿物质的常量元素类，在动物性食品中的利用率较高，多存在于肌肉和脏器中，是一种参与生物体正常生命活动及新陈代谢过程必不可少的元素。经测定，原种泰和乌鸡肉中镁元素的含量范围为 213～305 μg/g（以鲜重计）；不同日龄，不同部位、不同性别间乌鸡肉中镁元素含量差异不显著。

3. 磷

磷存在于人体所有细胞中，是维持骨骼和牙齿的必要物质，几乎参与所有生理上的化学反应。在泰和乌鸡肉中，磷的含量范围为 1950～2450 μg/g(以鲜重计)；不同日龄、不同性别之间差异不显著，鸡胸肉中磷含量大于鸡腿肉中磷含量。

4. 钾

钾可以调节细胞内适宜的渗透压和体液的酸碱平衡，有助于维持神经健康，心跳规律正常，可以预防中风，并协助肌肉正常收缩。经测定，泰和乌鸡肉中钾的含量范围为 2842～3709 μg/g（以鲜重计），不同日龄、不同部位和不同性别对泰和乌鸡肉中钾含量的差异性影响不显著，鸡胸肉中钾含量大于鸡腿肉。

5. 铁

铁是人体必需的微量元素，与红细胞形成和成熟、机体免疫力密切相关。经测定，泰和乌鸡肉中铁元素的含量范围为 6.1～34.0 μg/g（以鲜重计）；通过对不同日龄、不同部位、不同性别间乌鸡肉中铁元素含量的差异分析，发现性别因素对铁元素含量的差异性影响不显著，鸡腿肉中的含量要高于鸡胸肉，并且随着日龄的增加铁元素的含量呈现上升趋势。

6. 锌

锌是儿童生长发育的必需微量元素，可以调节机体免疫力；在红细胞生成过程中发挥重要作用，因此对矫治孕妇贫血和对孕妇的体力恢复是十分必要的。通过对不同日龄、不同部位、不同性别的泰和乌鸡肉样品进行分析，测得锌元素的含量为 5.6～22.4 μg/g（以鲜重计）；腿肉中锌元素的含量普遍高于胸肉，性别因素对锌元素含量的差异性影响不显著，同样随着日龄的增加锌元素含量显著升高，因此，从必需微量元素锌的角度来看，老鸡的营养价值更高。

7. 铜

铜离子在体内主要发挥催化作用，并调节糖和脂质的代谢。泰和乌鸡肉中铜元素的含量为 0.34～3.16 μg/g（以鲜重计），是铜的良好食物来源。

8. 铬

铬是动物必需的微量元素，能够预防动脉粥样硬化，因此对老年人来讲尤为重要。泰和乌鸡肉是铬元素的良好食物来源，测得的含量范围为 0.13～0.53 μg/g（以鲜重计）；日龄因素对原种泰和乌鸡肉中铬元素的含量具有显著的影响，总体来说，120～150 日龄的乌鸡肉中含有较高浓度的铬元素。

9. 硒

硒具有抗氧化、防癌、维持正常免疫功能的作用，同样属于人体必需微量元素。泰和乌鸡肉中硒元素的测定值为 0.1～3.7 μg/g（以鲜重计），高于内脏和海产品中的硒含量（0.06～0.40 μg/g），是硒元素的良好来源。经统计分析，泰和乌鸡腿肉中的硒元素含量显著高于胸肉，公母、不同日龄之间鸡肉中硒含量差异不显著。

10. 锰

锰元素可促进维生素 B_6 在肝脏中的积蓄，加强皮肤抗炎的功能。泰和乌鸡中锰的含量为 0.135～0.419 μg/g（以鲜重计），腿肉中的含量普遍高于胸肉，随着日龄的增加其在鸡肉中的含量显著升高。

2.7.2　不同日龄泰和乌鸡的主要矿物质组成

在泰和乌鸡日龄的基础上，对矿物质元素进行主成分分析（PCA），以确定是否存在明显的群集。图 2.9 是 PCA 图，可以看出，89 天和 306 天的泰和乌鸡矿物质元素混合在一起，没有明显的区分。其中，主成分 1（PC1）和主成分 2（PC2）占数据总方差的 56%，单向方差分析数据分析表明，在这两组研究对象中，有 7 种明显不同的元素，包括 Sc、Rb、Mo、Cs、Lu、Hf 和 Au。一次可以得出泰和乌鸡与日龄并没有明显的相关性。关于泰和乌鸡，长期以来，中国消费者都认为鸡的日龄越长，营养价值越高，因此，在中国市场上，泰和乌鸡的饲养时间越久营养价值越高，然而，这一观念缺乏科学的数据支持。由表 2.18 得，在泰和乌鸡的矿物质中，元素 Ca、Se、Sr、Y、Mo、Ag、Ba、La 和 Ce 的含量，89 天的高于 206 天的；其余矿物质含量都是 306 天的高于 89 天的。但是，由于样本量少，不具有统计学意义，因此，泰和乌鸡矿物质元素与日龄的关系需要进一步的研究。

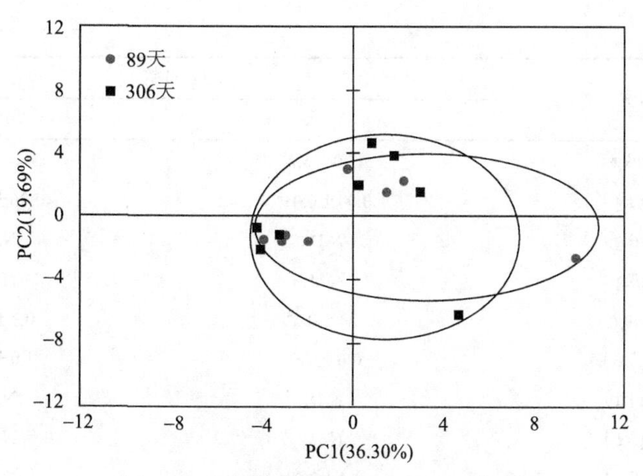

图 2.9　不同日龄泰和乌鸡的 PCA 结果

2.18　不同日龄泰和乌鸡的主要矿物质组成

矿物质	日龄	
	89 天	306 天
Na（μg/g）	679.8±141.3[a]	717.2±134.6[a]
Mg（μg/g）	255.3±22.7[a]	264.9±42.8[a]
Al（μg/g）	2.5±2.5[a]	3.5±2.9[a]
P（μg/g）	2130.3±116.9[a]	2257.0±228.0[a]
K（μg/g）	3053.5±158.9[a]	3330.0±338.2[a]
^{43}Ca（μg/g）	135.9±97.7[a]	130.5±85.7[a]
^{44}Ca（μg/g）	134.5±97.1[a]	130.6±84.7[a]
Sc（μg/kg）	105.2±71.6[b]	187.2±107.1[a]
V（μg/kg）	6.6±4.4[a]	8.5±6.2[a]
Cr（μg/kg）	265.6±109.3[a]	317.8±113.5[a]
Mn（μg/kg）	265.2±107.1[a]	301.6±98.7[a]
Fe（μg/g）	12.5±6.8[a]	16.9±9.5[a]
Co（μg/kg）	2.5±1.4[a]	3.0±1.2[a]
Ni（μg/kg）	8.0±8.6[a]	10.2±9.6[a]
Cu（μg/kg）	620.1±230.9[a]	720.9±362.5[a]
Zn（μg/g）	12.1±6.6[a]	13.8±7.9[a]
As（μg/kg）	2.5±1.0[a]	2.6±1.6[a]
Se（μg/kg）	177.3±17.9[a]	174.4±31.8[a]
Rb（μg/g）	5.4±0.3[a]	6.0±0.6[b]
Sr（μg/kg）	116.7±72.9[a]	75.3±38.1[a]
Y（μg/kg）	1.2±1.9[a]	1.0±1.5[a]

续表

矿物质	日龄	
	89 天	306 天
Mo（μg/kg）	42.0±6.2[a]	30.4±6.3[b]
Ru（μg/kg）	0.04±0.01[a]	0.06±0.04[a]
Rh（μg/kg）	N.D.	N.D.
Pd（μg/kg）	N.D.	N.D.
Ag（μg/kg）	0.6±0.5[a]	0.3±0.2[a]
Cd（μg/kg）	0.6±0.5[a]	1.0±0.4[a]
Sn（μg/kg）	N.D.	N.D.
Sb（μg/kg）	N.D.	N.D.
Te（μg/kg）	0.4±0.04	N.D.
Cs（μg/kg）	11.7±0.5[b]	26.5±6.9[a]
Ba（μg/kg）	90.4±44.0[a]	68.2±39.6[a]
La（μg/kg）	2.9±4.0[a]	1.6±2.2[a]
Ce（μg/kg）	3.1±4.6[a]	2.7±3.9[a]
Pr（μg/kg）	0.3±0.6[a]	0.4±0.5[a]
Nd（μg/kg）	1.0±1.5[a]	1.3±1.8[a]
Sm（μg/kg）	N.D.	N.D.
Eu（μg/kg）	N.D.	N.D.
Gd（μg/kg）	0.2±0.2[a]	0.2±0.2[a]
Tb（μg/kg）	N.D.	N.D.
Dy（μg/kg）	N.D.	N.D.
Ho（μg/kg）	N.D.	N.D.
Er（μg/kg）	N.D.	N.D.
Tm（μg/kg）	N.D.	N.D.
Yb（μg/kg）	N.D.	N.D.
Lu（μg/kg）	520.4±116.1[b]	675.0±92.2[a]
Hf（μg/kg）	4.6±1.4[a]	3.2±0.4[b]
Ir（μg/kg）	0.6±0.2[a]	0.6±0.2[a]
Pt（μg/kg）	1.6±0.3[a]	1.9±0.3[a]
Au（μg/kg）	1.6±0.7[a]	0.7±0.4[b]
Tl（μg/kg）	0.9±0.1[a]	0.7±0.3[a]
Pb（μg/kg）	8.6±10.7[a]	10.8±6.1[a]
Th（μg/kg）	11.5±10.6[a]	4.1±3.0[a]
U（μg/kg）	N.D.	N.D.

2.7.3　不同性别泰和乌鸡的矿物质元素含量分析

图 2.10 显示了不同性别的泰和乌鸡矿物质含量的 PCA 结果。由图可知，不同性别泰和乌鸡肉中的矿物质含量没有明显的差异，这表明性别对泰和乌鸡矿物质含量的差异性影响不显著。在表 2.19 对矿物质元素的方差分析中得出了相同的结论，在泰和乌鸡中，只有 Rb、Ru 和 Lu 三种元素在公鸡中的含量显著高于母鸡中，K 和 Cu 元素在公鸡比母鸡含量高得多，但是差异不显著，只有 Rb、Ru 和 Lu 三种元素差异显著。先前曾有类似的报道，即性别对家禽肉的矿物质含量影响甚微。

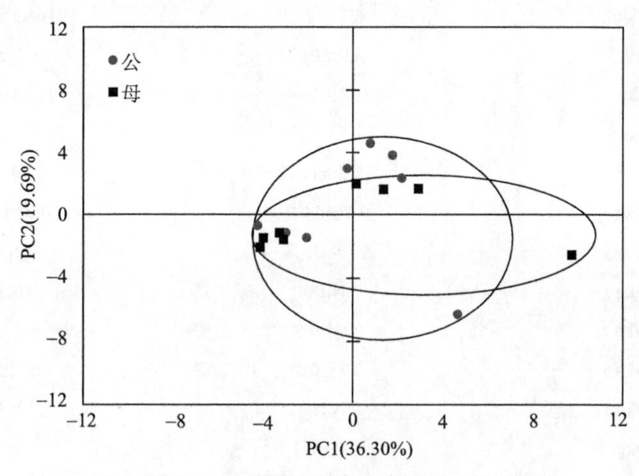

图 2.10　不同性别泰和乌鸡的 PCA 结果

2.19　不同性别泰和乌鸡的主要矿物质组成

矿物质	性别	
	公	母
Na（μg/g）	696.1±148.1[a]	700.8±130.2[a]
Mg（μg/g）	261.4±29.3[a]	258.7±39.2[a]
Al（μg/g）	3.0±3.0[a]	3.0±2.5[a]
P（μg/g）	2210.9±163.2[a]	2176.4±218.0[a]
K（μg/g）	3308.8±303.2[a]	3074.7±245.1[a]
^{43}Ca（μg/g）	111.1±68.3[a]	155.2±105.5[a]
^{44}Ca（μg/g）	110.4±64.9[a]	154.7±106.3[a]
Sc（μg/kg）	111.0±69.4[a]	208.8±110.3[a]
V（μg/kg）	7.6±6.6[a]	7.5±4.1[a]
Cr（μg/kg）	311.8±109.4[a]	271.6±116.2[a]
Mn（μg/kg）	307.8±115.1[a]	258.9±85.8[a]
Fe（μg/g）	16.6±9.6[a]	12.7±6.8[a]

续表

矿物质	性别	
	公	母
Co（μg/kg）	3.1±1.2[a]	2.5±1.3[a]
Ni（μg/kg）	12.8±9.9[a]	6.9±7.8[a]
Cu（μg/kg）	758.2±328.4[a]	582.9±255.2[a]
Zn（μg/g）	13.3±7.6[a]	12.7±6.9[a]
As（μg/kg）	2.9±1.4[a]	2.2±1.1[a]
Se（μg/kg）	187.2±24.3[a]	164.5±21.2[a]
Rb（μg/g）	5.9±0.4[a]	5.4±0.6[b]
Sr（μg/kg）	78.7±36.4[a]	113.3±75.7[a]
Y（μg/kg）	1.5±2.1[a]	0.9±1.4[a]
Mo（μg/kg）	35.5±11.0[a]	37.0±5.8[a]
Ru（μg/kg）	0.1±0.04[a]	0.03±0.01[b]
Rh（μg/kg）	N.D.	N.D.
Pd（μg/kg）	N.D.	N.D.
Ag（μg/kg）	0.6±0.5[a]	0.2±0.2[a]
Cd（μg/kg）	0.7±0.5[a]	0.9±0.4[a]
Sn（μg/kg）	N.D.	N.D.
Sb（μg/kg）	0.8±0.3	N.D.
Te（μg/kg）	N.D.	0.4±0.04
Cs（μg/kg）	16.4±5.3[a]	21.8±11.3[a]
Ba（μg/kg）	67.8±28.1[a]	90.7±51.9[a]
La（μg/kg）	1.6±2.6[a]	2.6±3.3[a]
Ce（μg/kg）	2.9±4.8[a]	2.8±3.8[a]
Pr（μg/kg）	0.4±0.7[a]	0.3±0.5[a]
Nd（μg/kg）	1.3±1.9[a]	1.1±1.5[a]
Sm（μg/kg）	N.D.	N.D.
Eu（μg/kg）	N.D.	N.D.
Gd（μg/kg）	0.3±0.3[a]	0.2±0.2[a]
Tb（μg/kg）	N.D.	N.D.
Dy（μg/kg）	N.D.	N.D.
Ho（μg/kg）	N.D.	N.D.
Er（μg/kg）	N.D.	N.D.
Tm（μg/kg）	N.D.	N.D.
Yb（μg/kg）	N.D.	N.D.
Lu（μg/kg）	663.2±128.0[a]	532.2±97.2[b]

续表

矿物质	性别	
	公	母
Hf（μg/kg）	3.8±1.2[a]	4.0±1.3[a]
Ir（μg/kg）	0.7±0.3[a]	0.6±0.1[a]
Pt（μg/kg）	1.9±0.4[a]	1.7±0.2[a]
Au（μg/kg）	0.9±0.5[a]	1.4±0.8[a]
Tl（μg/kg）	0.9±0.2[a]	0.7±0.3[a]
Pb（μg/kg）	8.8±7.2[a]	10.6±10.0[a]
Th（μg/kg）	17.9±12.0[a]	4.5±3.2[a]
U（μg/kg）	N.D.	N.D.

2.7.4　不同部位泰和乌鸡的主要矿物质组成

表 2.20 为泰和乌鸡腿肉和胸肉中主要矿物质含量，分别选用 8 个泰和乌鸡腿肉和胸肉样品进行 PCA。由图 2.11 分析结果可知，泰和乌鸡胸肉和腿肉部分的矿物质成分区分明显，腿肉样品主要分布在 PC1 和 PC2 的正侧，而胸肉则聚集在 PC1 和 PC2 负侧，PC1 和 PC2 占总方差的 56%，同样的数据集进行进一步的单变量分析，以确定导致鸡腿部和鸡胸肉之间区别的重要矿物质元素。由表 2.20 分析可得，在泰和乌鸡腿肉和胸肉之间，总共有 12 种矿物质元素呈显著性差异，分别是 Na、Mg、K、P、^{43}Ca、^{44}Ca、Fe、Mn、Cr、Zn、Cu、Se 和 Sr，其中 Na、Ca、Fe、Mn、Cr、Zn、Cu、Se 和 Sr 在泰和乌鸡腿肉中的含量比胸肉中的含量高得多（$P < 0.05$）。因此，以上结果表明，不同的部位对泰和乌鸡中矿物质的浓度影响较大。

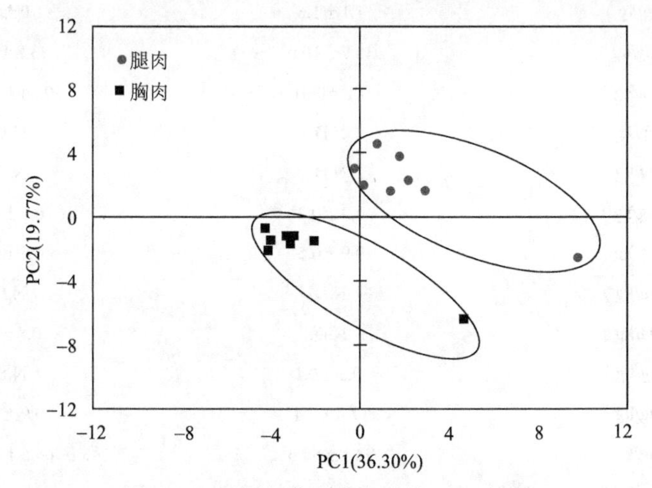

图 2.11　不同部位泰和乌鸡的 PCA 结果

表 2.20　不同部位泰和乌鸡的主要矿物质组成

矿物质	部位	
	鸡腿	鸡胸
Na（μg/g）	823.3±47.5^{a}	573.7±32.2^{b}
Mg（μg/g）	230.3±11.1^{b}	289.8±16.0^{a}
Al（μg/g）	3.8±2.0^{a}	2.3±3.2^{a}
P（μg/g）	2046.3±97.5^{b}	2341.0±125.2^{a}
K（μg/g）	3011.4±239.6^{b}	3372.1±227.1^{a}
^{43}Ca（μg/g）	197.0±86.5^{a}	69.4±10.9^{b}
^{44}Ca（μg/g）	196.0±85.6^{a}	69.1±9.9^{b}
Sc（μg/kg）	141.4±133.3^{a}	185.7±17.6^{a}
V（μg/kg）	7.9±3.8^{a}	7.2±6.8^{a}
Cr（μg/kg）	361.7±85.6^{a}	221.7±88.6^{b}
Mn（μg/kg）	355.8±68.8^{a}	211.0±72.5^{b}
Fe（μg/g）	20.8±6.7^{a}	8.5±4.1^{b}
Co（μg/kg）	3.3±1.1^{a}	2.2±1.3^{a}
Ni（μg/kg）	11.6±7.2^{a}	6.6±10.0^{a}
Cu（μg/kg）	909.7±216.0^{a}	431.4±114.7^{b}
Zn（μg/g）	19.6±1.9^{a}	6.3±0.9^{b}
As（μg/kg）	2.6±1.0^{a}	2.5±1.6^{a}
Se（μg/kg）	193.5±18.2^{a}	158.2±17.0^{b}
Rb（μg/g）	5.4±0.5^{a}	5.9±0.5^{a}
Sr（μg/kg）	130.7±67.4^{a}	61.2±20.9^{b}
Y（μg/kg）	1.1±1.6^{a}	1.0±1.7^{a}
Mo（μg/kg）	38.7±10.0^{a}	33.8±6.5^{a}
Ru（μg/kg）	0.1±0.01^{a}	0.04±0.02^{a}
Rh（μg/kg）	N.D.	N.D.
Pd（μg/kg）	N.D.	N.D.
Ag（μg/kg）	0.2±0.2^{a}	0.7±0.5^{a}
Cd（μg/kg）	0.9±0.5^{a}	0.6±0.3^{a}
Sn（μg/kg）	N.D.	N.D.
Sb（μg/kg）	N.D.	0.8±0.3
Te（μg/kg）	0.5±0.1	N.D.
Cs（μg/kg）	17.4±7.1^{a}	20.9±10.7^{a}
Ba（μg/kg）	94.1±50.5^{a}	64.5±27.1^{a}
La（μg/kg）	2.7±3.6^{a}	1.6±2.3^{a}

续表

矿物质	部位	
	鸡腿	鸡胸
Ce（μg/kg）	2.8±4.1[a]	2.9±4.2[a]
Pr（μg/kg）	0.4±0.5[a]	0.4±0.6[a]
Nd（μg/kg）	1.4±1.6[a]	1.0±1.7[a]
Sm（μg/kg）	N.D.	N.D.
Eu（μg/kg）	N.D.	N.D.
Gd（μg/kg）	0.2±0.2[a]	0.2±0.3[a]
Tb（μg/kg）	N.D.	N.D.
Dy（μg/kg）	N.D.	N.D.
Ho（μg/kg）	N.D.	N.D.
Er（μg/kg）	N.D.	N.D.
Tm（μg/kg）	N.D.	N.D.
Yb（μg/kg）	N.D.	N.D.
Lu（μg/kg）	620.9±152.7[a]	574.5±105.2[a]
Hf（μg/kg）	4.5±1.4[a]	3.3±0.8[a]
Ir（μg/kg）	0.7±0.2[a]	0.5±0.2[b]
Pt（μg/kg）	1.9±0.3[a]	1.7±0.3[a]
Au（μg/kg）	1.1±0.8[a]	1.1±0.6[a]
Tl（μg/kg）	0.7±0.2[a]	0.9±0.3[a]
Pb（μg/kg）	9.8±5.8[a]	9.6±11.0[a]
Th（μg/kg）	5.3±3.5[a]	12.3±12.8[a]
U（μg/kg）	N.D.	N.D.

2.7.5　原种泰和乌鸡和杂交乌鸡的鉴别

在矿物质元素的基础上，采用 PCA 和 PLS-DA 鉴别泰和乌鸡和杂交乌鸡。图 2.12（a）是泰和乌鸡和杂交乌鸡肉样的主成分得分图。PC1 的方差贡献率为 55.19%，PC2 的方差贡献率为 13.68%，累计贡献率为 68.87%，通过主成分分析得，在矿物质元素含量的基础上可以区分泰和乌鸡和杂交乌鸡。图 2.12（b）是区分泰和乌鸡和杂交乌鸡的 PLS-DA 得分图。同样地，泰和乌鸡和杂交乌鸡的区分明显。在 PLS-DA 方法中，自变量对因变量的解释能力是以变量投影重要性指标（VIP）来测度的，在矿物质元素中，当 VIP 值≥1 时，认为泰和乌鸡和杂交乌鸡明显不同，经过分析测定，总共有 16 种矿物质元素的 VIP 值≥1，分别是 As（1.721）、Pt（1.677）、Lu（1.657）、Nd（1.521）、Ce（1.513）、Ir（1.495）、Pr（1.440）、

La（1.413）、Gd（1.364）、Au（1.287）、Cr（1.269）、Co（1.167）、Na（1.154）、Ni（1.151）、Tl（1.021）和 Ba（1.005）。将 VIP > 1 和 $P < 0.05$ 的矿物质元素作为标记元素，以鉴别泰和乌鸡，选择出 16 种矿物质元素，分别是 As、Pt、Lu、Nd、Ce、Ir、Pr、La、Gd、Au、Cr、Co、Na、Ni、Tl 和 Ba，综上，可以得出泰和乌鸡和杂交乌鸡的矿物质成分存在明显差异。

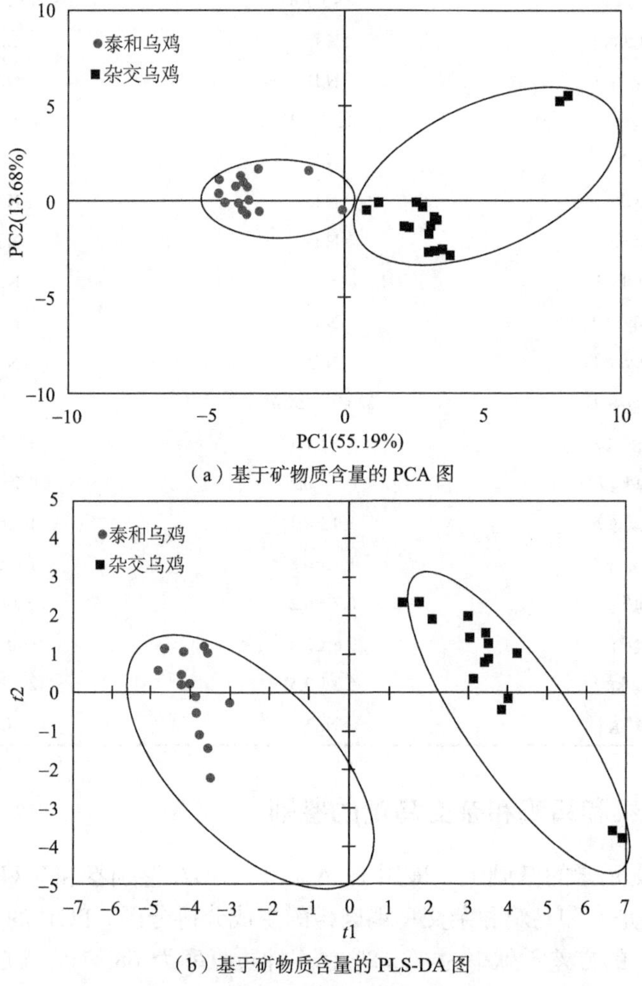

（a）基于矿物质含量的 PCA 图

（b）基于矿物质含量的 PLS-DA 图

图 2.12　泰和乌鸡和杂交乌鸡的鉴别

$t1$ 和 $t2$ 分别代表每个样品在主成分 PC1 和 PC2 上投影的得分值

2.8　泰和乌鸡骨多糖组成分析

硫酸软骨素和氨基葡萄糖是广泛存在于动物软骨组织中的易溶于水的天然糖

类物质，二者配合使用，具有预防和改善骨关节病，修复受损软骨组织的功能。我国是硫酸软骨素的生产和出口大国，原料资源丰富，其中鸡软骨是制备硫酸软骨素的重要原材料之一。Nakano 等（2012）从普通市售肉鸡的骨副产物中分离纯化得到了硫酸软骨素-肽复合物；王鑫等（2015）通过优化工艺对鸡软骨中的硫酸软骨素进行提取纯化，最终得到纯度为 99.3%的硫酸软骨素产品，可应用于药品、保健品和化妆品行业。由于是水溶性化合物，炖煮后所得鸡汤中同样含有鸡骨中的硫酸软骨素和氨基葡萄糖成分，因此，二者可以通过一日三餐的形式被人们食用，达到“药食兼用，药食同疗”的效果。一直以来，泰和乌鸡的营养价值，包括氨基酸、维生素、矿物质等组成成分，都被广泛的宣传报道，但很少有涉及糖类功能因子的研究。它们在泰和乌鸡中是否存在？如果是，存在的状态又是怎样的？需要通过进一步研究来给出上述问题的答案。

2.8.1　泰和乌鸡硫酸软骨素的提取

泰和乌鸡硫酸软骨素的提取和纯化流程见图 2.13。

鸡骨中硫酸软骨素的提取：

清洗后的鸡腿骨经破碎机破碎为 1 cm 左右的颗粒于一定浓度的碱液中水解得到碱提液，调节 pH 并加入适量的蛋白酶（如木瓜蛋白酶）酶解得到硫酸软骨素酶解液，向酶解液中加入 3 倍体积的乙醇沉淀得到硫酸软骨素粗品。

硫酸软骨素粗提物的纯化：

将硫酸软骨素粗提物溶于双蒸水于 2 kDa 透析袋中 4℃条件下透析一段时间除去盐离子等杂质，将透析后的硫酸软骨素截留液冷冻干燥得到硫酸软骨素纯品。

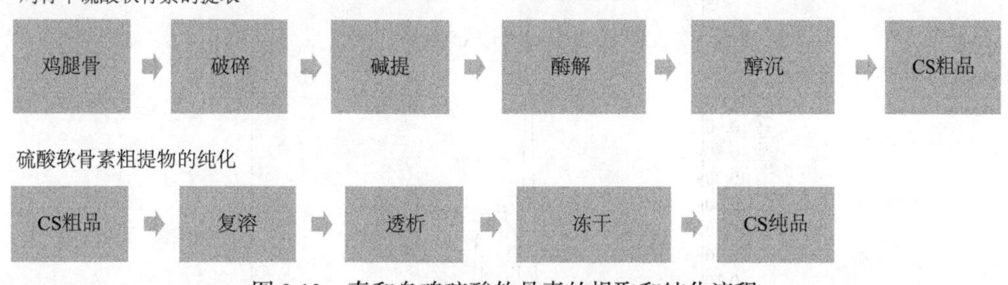

图 2.13　泰和乌鸡硫酸软骨素的提取和纯化流程

2.8.2　泰和乌鸡硫酸软骨素的 FTIR 结构表征

借助傅里叶变换红外光谱仪，对提取纯化所得物质的特征基团进行分析，如图 2.14 所示。结果显示，提取物质的主要结构官能团为糖类的 O—H 和 N—H

伸缩振动（3600～3200 cm^{-1}），C—H 伸缩振动（3000～2800 cm^{-1}），酰胺键中羰基的伸缩振动（1650 cm^{-1}），N—H 的弯曲振动（1550 cm^{-1}），证明存在乙酰氨基结构；C—O 伸缩振动和 O—H 变角振动耦合产生的两个吸收峰（1420～1375 cm^{-1}），说明存在糖醛酸的游离羧基结构；S═O 伸缩振动（1250 cm^{-1}），证明存在硫酸基；*N*-乙酰氨基葡萄糖（GalNAc）中 C4 位硫酸基中 C—O—S 的伸缩振动（850 cm^{-1}）。

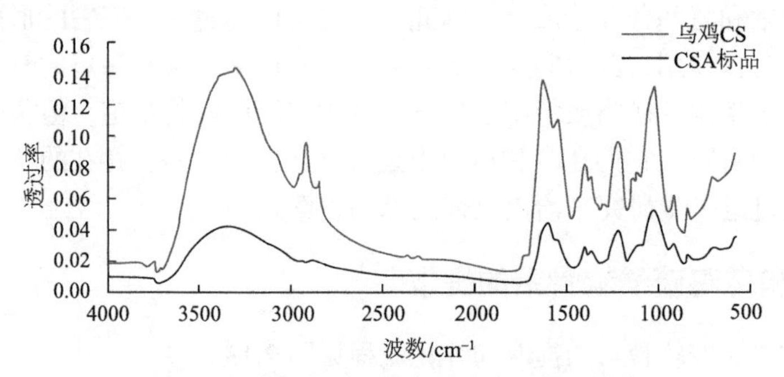

图 2.14 泰和乌鸡硫酸软骨素的 FTIR 图谱

2.8.3 硫酸软骨素纯化物的 HPLC 检测结果与分析

使用 C_{18} 色谱柱，在 192 nm 检测波长下对纯化后的物质进行分析，结果如图 2.15 所示。与混合标准溶液图谱对照，提纯后的物质中同时含有硫酸软骨素和氨基葡萄糖两种成分。江敏（2010）指出氨基葡萄糖能够通过关节软骨增加硫酸软骨素的吸收。计算后得出，纯化产物中硫酸软骨素的含量为 335.1 μg/mL，氨基葡萄糖的含量为 35.2 μg/mL；纯度分别为 67.0%和 7.0%。

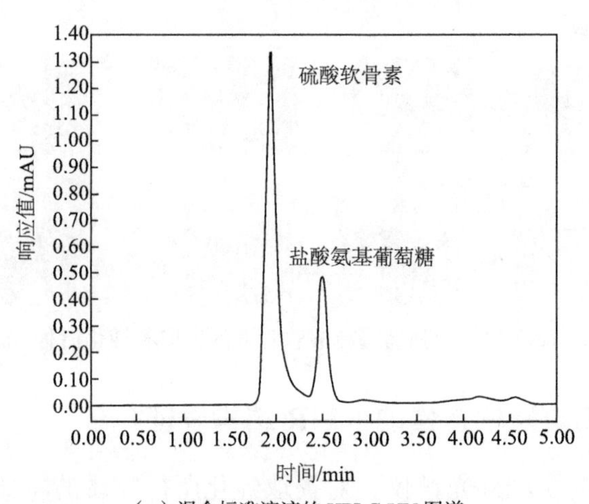

（a）混合标准溶液的 HPLC-UV 图谱

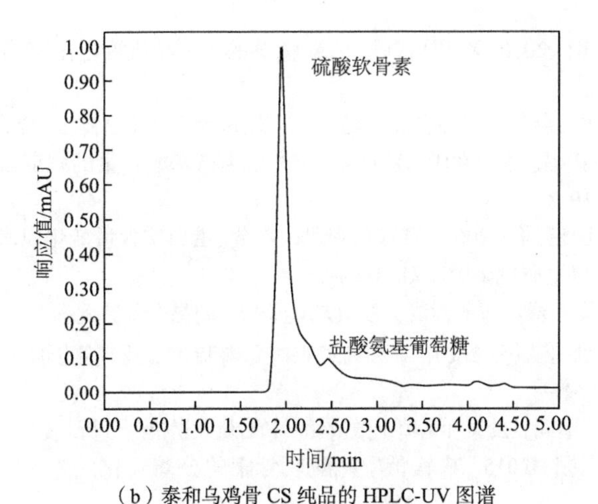

（b）泰和乌鸡骨 CS 纯品的 HPLC-UV 图谱

图 2.15　泰和乌鸡硫酸软骨素的 HPLC-UV 分析结果

2.8.4　小结

泰和乌鸡骨中含有对关节机能起强化作用的硫酸软骨素和氨基葡萄糖成分。经酶法提取和透析袋纯化，得到的硫酸软骨素和氨基葡萄糖的纯度分别为 67.0% 和 7.0%。

参考文献

陈晓东，陈芳有. 2013. 泰和乌鸡中微量元素分析. 家禽科学，(11)：35-36.

耿拓宇，张学余，陈宽维，等. 2000. 泰和乌鸡出雏后黑色素的分布与沉积. 中国家禽，22(7)：10-12.

贺淹才. 2003. 我国的乌骨鸡与中国泰和鸡及其药用价值. 中国农业科技导报，5(1)：64-66.

胡泗才，张斌. 1999. 泰和乌鸡益气，滋阴作用的实验研究. 中药材，(1)：32-34.

江敏. 2010. 氨基葡萄糖的药理学研究进展. 中国药房，(17)：1622-1624.

江彦，袁丹丹，刘青，等. 2018. 浅谈泰和乌鸡及其营养成分研究进展. 江西畜牧兽医杂志，(2)：8-11.

蒋明，李智，董莲花，等. 2016. 乌鸡黑色素的研究进展. 湖南饲料，(2)：25-27.

赖来展，魏振承，赖敬君. 2003. 黑毛乌鸡的营养功能分析. 广东农业科学，(3)：50-51.

李崇阳，李艳，牟德华. 2015. 氨基葡萄糖硫酸软骨素促进骨骼健康作用研究进展. 食品科学，36(23)：382-385.

李俊波. 1997. 乌鸡营养与利用研究进展. 畜禽业，(8)：47-48.

林霖. 2007. 乌鸡多肽产品质量指标及其黑色素提取和含量测定研究. 南昌：南昌大学.

林平，周庆华. 2000. 泰和乌鸡部分组织中营养成份研究. 预防医学，12(10)：28-29.

潘珂, 梅玉成, 魏金钢. 2010. 泰和乌鸡与 AA 肉鸡的肌肉品质测定比较. 江西畜牧兽医杂志, (3): 20-22.

邱礼平, 姚玉静. 2005. 泰和乌鸡在食品和药品中应用进展. 中国家禽, 27(23): 54-56.

舒希凡, 吾豪华, 钟新福, 等. 2001. 江西地方鸡种肌肉氨基酸含量的测定与分析. 动物科学与动物医学, 18(1): 19-21.

孙龙生, 李慧芳, 陈国宏, 等. 2000. 泰和乌鸡肌肉水分、蛋白质含量变化规律及相关性研究. 扬州大学学报(农业与生命科学版), 21(4): 4-6.

田颖刚. 2007. 乌鸡若干营养与活性成分及其功能研究. 南昌: 南昌大学.

田颖刚, 谢明勇, 王维亚, 等. 2007. 泰和乌鸡鸡肉总磷脂含量及其侧链脂肪酸组成的特性. 食品科学, 28(4): 48-51.

王琴, 陈晓东. 2005. 不同日龄泰和乌鸡中微量元素和常量元素检测分析. 食品与药品, 7(7): 44-46.

王鑫, 徐丽萍, 宋志鹏. 2015. 鸡软骨中硫酸软骨素的分离纯化. 食品与发酵工业, 41(1): 142-146.

吴红静, 田颖刚, 谢明勇, 等. 2007. 乌鸡正己烷提取物组成及其抗皮肤衰老活性研究. 天然产物研究与开发, 19(2): 225-228, 273.

谢金防, 刘林秀, 谢明贵, 等. 2013. 泰和乌鸡配套系商品肉鸡的肉质特性研究. 江西农业学报, 25(5): 79-80.

熊伟. 2001. 乌鸡与 AA 肉鸡肉中钙、铁含量的比较. 中国家禽, 23(8): 53.

张家瑞. 2003. 乌鸡与白鸡氨基酸含量的比较. 中药材, 26(9): 637-638.

赵艳平, 黄小红, 李建喜, 等. 2008. 乌鸡黑色素的研究进展. 广东畜牧兽医科技, 33(1): 12-15.

周庆华, 李思光. 1999. 泰和乌鸡肌肉氨基酸营养价值的研究. 氨基酸和生物资源, (3): 41-43.

周佐铮, 匡增生, 彭朝明. 1989. 泰和乌鸡研究概况与进展. 江西畜牧兽医杂志, (2): 8-13.

朱方. 2012. 泰和乌鸡抗疲劳功能及黑色素抗氧化功能研究. 杭州: 浙江大学.

Chen S R, Jiang B, Zheng J X, et al. 2008. Isolation and characterization of natural melanin derived from silky fowl (*Gallus gallus domesticus* Brisson). Food Chemistry, 111(3): 745-749.

Cordero R J B, Casadevall A. 2017. Functions of fungal melanin beyond virulence. Fungal Biology Reviews, 31(2): 99-112.

Doherty M K, Mclean L, Hayter J R, et al. 2004. The proteome of chicken skeletal muscle: changes in soluble protein expression during growth in a layer strain. Proteomics, 4(7): 2082-2093.

Hoffman L C, Kritzinger B, Ferreira A V. 2005. The effects of region and gender on the fatty acid, amino acid, mineral, myoglobin and collagen contents of impala (*Aepyceros melampus*) meat. Meat Science, 69(3): 551-558.

Hwang I H, Park B Y, Kim J H, et al. 2005. Assessment of postmortem proteolysis by gel-based proteome analysis and its relationship to meat quality traits in pig longissimus. Meat Science, 69(1): 79-91.

Lametsch R, Karlsson A, Rosenvold K, et al. 2003. Postmortem proteome changes of porcine muscle related to tenderness. Journal of Agricultural & Food Chemistry, 51(24): 6992-6997.

Majewska D, Jakubowska M, Ligocki M, et al. 2009. Physicochemical characteristics, proximate analysis and mineral composition of ostrich meat as influenced by muscle. Food Chemistry, 117(2): 207-211.

Mekchay S, Teltathum T, Nakasathien S, et al. 2010. Proteomic analysis of tenderness trait in Thai native and commercial broiler chicken muscles. Journal of Poultry Science, 47 (1): 8-12.

Mohanna C, Nys Y. 1998. Influence of age, sex and cross on body concentrations of trace elements (zinc, iron, copper and manganese) in chickens. British Poultry Science, 39 (4): 536-543.

Nakano T, Pietrasik Z, Ozimek L, et al. 2012. Extraction, isolation and analysis of chondroitin sulfate from broiler chicken biomass. Process Biochemistry, 47 (12): 1909-1918.

Pereira P M, Vicente A F. 2013. Meat nutritional composition and nutritive role in the human diet. Meat Science, 93 (3): 586-592.

Ponnampalam E N, Burnett V F, Norng S, et al. 2016. Muscle antioxidant (vitamin E) and major fatty acid groups, lipid oxidation and retail color of meat from lambs fed a roughage based diet with flaxseed or algae. Meat Science, 111: 154-160.

Saiyed S M , Yokel R A. 2005. Aluminium content of some foods and food products in the usa, with aluminium food additives. Food Additives & Contaminants, 22 (3): 234-244.

Sales J, Skřivan M, Englmaierová M. 2014. Influence of animal age on body concentrations of minerals in Japanese quail (Coturnix japonica). Journal of Animal Physiology and Animal Nutrition, 98 (6): 1054-1059.

Strobel N, Buddhadasa S, Adorno P, et al. 2013. Vitamin D and 25-hydroxyvitamin D determination in meats by LC-IT-MS. Food Chemistry, 138 (2-3): 1042-1047.

Teltathum T, Mekchay S. 2009. Proteome changes in Thai indigenous chicken muscle during growth period. International Journal of Biological Sciences, 5 (7): 679-685.

Tian Y G, Xie M Y, Wang W Y, et al. 2007. Determination of carnosine in Black-Bone Silky Fowl (Gallus gallus domesticus Brisson) and common chicken by HPLC. European Food Research & Technology, 226 (1-2): 311-314.

Tian Y G, Zhu S, Xie M Y, et al. 2011. Composition of fatty acids in the muscle of black-bone silky chicken (*Gallus gellus demesticus* brissen) and its bioactivity in mice. Food Chemistry, 126 (2): 479-483.

Tomović V M, Petrović L S, Tomović M S, et al. 2011. Determination of mineral contents of semimembranosus muscle and liver from pure and crossbred pigs in Vojvodina (northern Serbia). Food Chemistry, 124 (1): 342-348.

Tu Y G, Sun Y Z, Tian Y G, et al. 2009. Physicochemical characterization and antioxidant activity of melanin from the muscles of Taihe Black-Bone Silky Fowl (Gallus gallus domesticus Brisson). Food Chemistry, 114 (4): 1345-1350.

Turhan S. 2006. Aluminum contents in baked meats wrapped in aluminum foil. Meat Science, 74 (4): 644-647.

Waśko-Czopnik D, Paradowski L. 2012. The influence of deficiencies of essential trace elements and vitamins on the course of Crohn's disease. Advances in Clinical & Experimental Medicine, 21 (1): 5-11.

第3章　泰和乌鸡蛋营养成分分析

3.1　科学视角下的泰和乌鸡蛋

泰和乌鸡蛋是泰和乌鸡产业发展中的重要一环。随着物质水平的提高，人们对天然、有机、滋补食物的需求不断提高。在这个大背景下，泰和乌鸡蛋开始走俏市场，成为百姓餐桌和馈赠亲友的首选。

泰和乌鸡蛋作为地方特色禽蛋产品，一直以来，其发展受到低产蛋率（约60枚/年）的限制。但是，关于泰和乌鸡蛋的营养价值，收获了许多好评。例如，“泰和乌鸡蛋对促进儿童生长发育，增强记忆力，对儿童缺锌引起的厌食、弃食、免疫力低下、不长个子，孕产妇的营养滋补，中老年心血管疾病和甲状腺肿瘤具有食疗保健作用”“这蛋那蛋，不如泰和乌鸡蛋”“泰和原种乌鸡蛋可有效降低血液中的甘油三酯和胆固醇水平，促进幼儿脑神经系统及视觉系统的健康发育”。目前推广泰和乌鸡蛋面临的最大问题是，一切关于其营养价值优势的评价都缺乏系统全面的科学数据支撑。与其他鸡蛋相比，泰和乌鸡蛋的营养价值真的很高吗？如果是，其中发挥功能作用的营养成分是什么？在科学视野下解析泰和乌鸡蛋，可以将其还原为基本的组成成分，为今后客观、全面、准确的宣传营销提供依据。

3.2　泰和乌鸡蛋品质分析

鸡蛋品质与养鸡业的经济效益和社会效益密切相关。毋庸置疑，品质好的鸡蛋更受消费者欢迎，从而赢得更大的市场占有率，带来更大的经济效益。评价鸡蛋品质的指标主要包括蛋重、蛋形指数、蛋壳质量（蛋壳强度、蛋壳结构、蛋壳颜色）、哈氏单位和蛋黄品质（蛋黄色泽、蛋黄膜强度）。以原种泰和乌鸡蛋、普通市售鸡蛋和泰和杂交乌鸡蛋为研究对象，通过分析比较，得出泰和乌鸡蛋在蛋重、蛋形指数、蛋壳厚度、蛋黄比例、哈氏单位和蛋黄色泽 6 个参数上的品质特性，为泰和乌鸡蛋的鉴别提供数据支持。

3.2.1　泰和乌鸡蛋外观品质分析

由图 3.1 对三种鸡蛋黄外观比较可以看出，泰和乌鸡蛋体型小于普通市售鸡蛋和泰和杂交乌鸡。

（a）泰和乌鸡蛋

（b）泰和杂交乌鸡蛋

（c）普通市售鸡蛋

图 3.1　三种鸡蛋黄外观比较

1. 蛋重

蛋重是评定蛋的等级、新鲜度和结构的重要指标，与禽种、日龄、喂饲条件和贮藏时间等因素密切相关。泰和乌鸡蛋、普通市售鸡蛋和泰和杂交乌鸡蛋的平均蛋重分别为 40.23 g、61.26 g、44.54 g（表 3.1）；显著性检验结果表明，泰和乌鸡蛋的质量显著低于普通市售鸡蛋和泰和杂交乌鸡蛋（$P < 0.05$），蛋重仅为普通市售鸡蛋重的 66%。参照蛋重分级标准，泰和乌鸡蛋属于特小鸡蛋（特小：40～46 g）。

表 3.1　三种鸡蛋品质分析结果

外观品质指标	品种		
	泰和乌鸡蛋	普通市售鸡蛋	泰和杂交乌鸡蛋
平均蛋重/g	40.23 ± 3.60^{c}	61.26 ± 1.26^{a}	44.54 ± 4.56^{b}
蛋形指数/%	1.30 ± 0.05^{a}	1.29 ± 0.04^{a}	1.28 ± 0.04^{a}
蛋壳厚度/mm	0.32 ± 0.04^{b}	0.36 ± 0.05^{a}	0.34 ± 0.04^{ab}
蛋黄比例/%	32.32 ± 3.27^{b}	39.45 ± 3.62^{a}	29.21 ± 4.07^{c}
哈氏单位	73.59 ± 1.47^{b}	97.16 ± 7.34^{a}	74.46 ± 2.25^{b}

2. 蛋形指数

蛋形指数是指蛋的纵径与横径之比，用来描述蛋的形状，也关系种质分类和孵化率。据报道，鸡蛋的蛋形指数范围为 1.10～1.36。本书研究测得的三个品种鸡蛋的蛋形指数分别为 1.30、1.29、1.28（表 3.1），均处于正常值范围内，并且以上三个数值之间不存在显著性差异（$P > 0.05$）。

3. 蛋壳厚度

蛋壳厚度可以用来反映蛋壳强度和蛋的抗破损性，正常值为 0.20～0.48 mm，受品种、气候、饲料等因素影响。泰和乌鸡蛋、普通市售鸡蛋和泰和杂交乌鸡蛋的蛋壳厚度分别为 0.32 mm、0.36 mm、0.34 mm（表 3.1），均处于正常区间内；普通市售鸡蛋的蛋壳厚度显著高于泰和乌鸡蛋，表明其蛋壳耐压程度更大。鸡蛋壳的扫描电子显微镜图如图 3.2 所示。由图可知，泰和乌鸡蛋壳蛋孔的孔径小于泰和杂交乌鸡蛋和普通市售鸡蛋蛋孔的孔径。

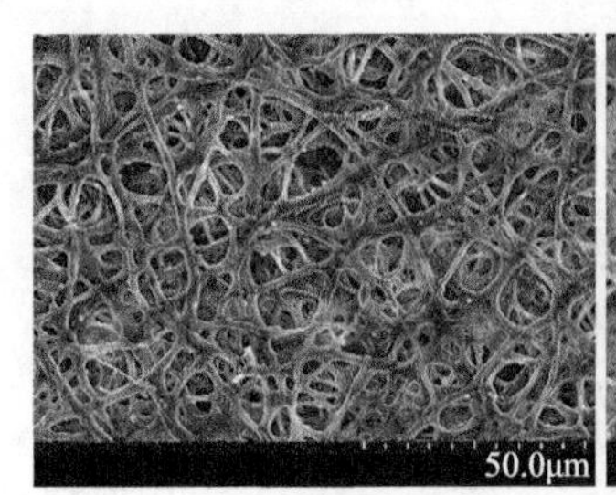

（a）泰和乌鸡蛋

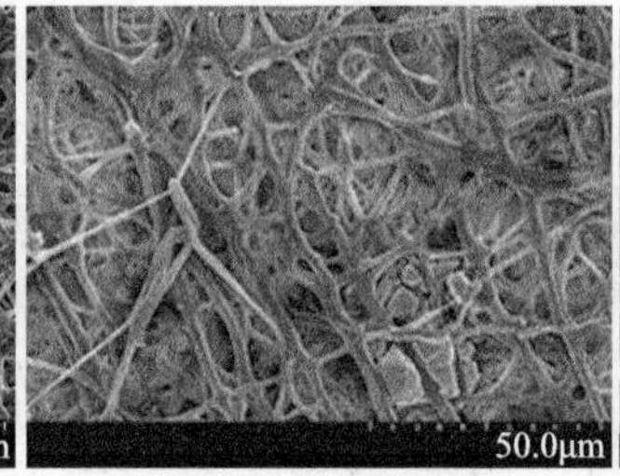

（b）泰和杂交乌鸡蛋

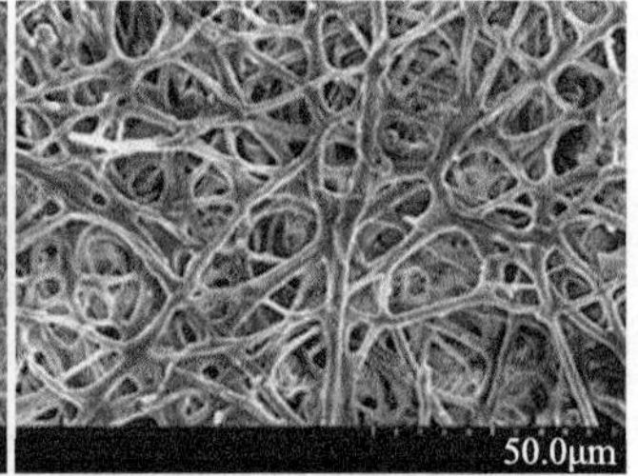

（c）普通市售鸡蛋

图 3.2　鸡蛋壳扫描电子显微镜图（600×）

4. 蛋黄比例

蛋黄比例是衡量鸡蛋营养品质和新鲜程度的一项重要指标。蛋黄比例越大，口感越好，营养价值越丰富。三种鸡蛋中，普通市售鸡蛋的蛋黄比例最大，为 39.45%，其次是泰和乌鸡蛋（32.32%）和泰和杂交乌鸡蛋（29.21%），见表 3.1。

5. 哈氏单位

哈氏单位可以用来表征蛋白品质和蛋的新鲜程度，它是现在国际上检验禽蛋品质的重要指标。根据蛋白品质分类标准，哈氏单位大于 72 表明蛋白品质较好，为 AA 级蛋。泰和乌鸡蛋、普通市售鸡蛋和泰和杂交乌鸡蛋三个品种鸡蛋的哈氏单位分别为 73.59、97.16、74.46（表 3.1），均大于 72，因此均被鉴定为 AA 级蛋。

6. 蛋黄色泽

蛋黄色泽是影响蛋的商品价值的主要因素之一，主要受遗传和饲料中着色物质的影响。本书研究利用电子眼技术测定了泰和乌鸡蛋、普通市售鸡蛋和泰和杂交乌鸡蛋黄的 L^*值、a^*值、b^*值，并比较了三者之间的差异性。结果表明，三种受试蛋黄均呈现鲜艳的橘黄色，L^*值、a^*值、b^*值差异不显著（$P > 0.05$）。

3.2.2 小结

本书研究提供了泰和乌鸡蛋（原种和杂交）在蛋重、蛋形指数、蛋壳厚度、蛋黄比例、哈氏单位和蛋黄色泽 6 个外观品质指标上的实验数据，为泰和乌鸡蛋的鉴别奠定了科学基础。

泰和乌鸡蛋的蛋形指数和蛋壳厚度均处于正常值范围。从蛋重角度来看，泰和乌鸡蛋不同于普通市售鸡蛋，属于特小鸡蛋的类别。

在蛋黄比例和哈氏单位两个指标上，泰和乌鸡蛋相较于普通市售鸡蛋而言，不具备优势，这一结果为优良蛋鸡的选育指明了方向。

3.3 泰和乌鸡蛋基本营养成分分析

泰和乌鸡蛋中富含人体所需的宏量营养素：蛋白质和脂肪；二者水平的高低直接影响乌鸡蛋的食用价值和市场售价。据报道，乌鸡蛋蛋白质的人体消化率为 98%，生物效价高达 94%，是优质蛋白质的主要来源之一。因此，有专家建议，婴幼儿需要补充蛋白质可以选择乌鸡蛋。鸡蛋中的脂质成分主要集中在蛋黄部分，主要包括甘油三酯、卵磷脂、胆固醇、鞘脂和游离脂肪酸五大类。考虑卵磷脂和胆固醇的营养价值及对人体健康的重要性，其含量的高低一直受到各界的广泛关注。有观点认为鸡蛋中胆固醇含量较高，因此不建议心血管病患者及其高危人群食用鸡蛋。但近年来，有新研究发现正常的鸡蛋摄入并不会增加血清胆固醇含量，危害健康，因为与膳食胆固醇相关的心血管疾病并不主要取决于胆固醇的绝对摄入量。据此，有专家建议正常人群每天可以食用1～2个鸡蛋，血脂偏高人群每天吃半个鸡蛋/蛋黄为宜。图3.3为泰和乌鸡蛋。

图3.3 泰和乌鸡蛋

3.3.1 三种鸡蛋基本营养成分测定结果

1. 粗蛋白和粗脂肪

报道中指出，全蛋的营养成分主要包括12.5%粗蛋白和10%粗脂肪。通过对泰和乌鸡蛋、普通市售鸡蛋和泰和杂交乌鸡蛋的基本营养成分进行分析，三种鸡蛋中的水分含量在75%左右，粗蛋白的含量范围是13.20%～13.80%，粗脂肪的含量在7.10%～8.50%，见表3.2。显著性分析结果表明，水分和粗蛋白含量在三种鸡蛋中均不存在显著差异（$P > 0.05$）。但是，泰和乌鸡蛋中的粗脂肪含量（7.10%）显著低于普通市售鸡蛋（8.30%）和泰和杂交乌鸡蛋（8.50%）（$P < 0.05$）。

表3.2 三种鸡蛋基本营养成分分析结果

营养成分/（g/100g）	品种		
	泰和乌鸡蛋	普通市售鸡蛋	泰和杂交乌鸡蛋
水分	74.10±0.85	75.90±0.49	75.00±0.42

续表

营养成分/（g/100g）	品种		
	泰和乌鸡蛋	普通市售鸡蛋	泰和杂交乌鸡蛋
粗蛋白	13.40±0.42	13.20±0.14	13.80±0.14
粗脂肪	7.10±0.35	8.30±0.07	8.50±0.14

2. 胆固醇

本实验测得的泰和乌鸡蛋、普通市售鸡蛋和泰和杂交乌鸡蛋的胆固醇含量分别为 11.3 mg/g、10.5 mg/g、11.6 mg/g（表 3.3）。先前报道的鲜鸡蛋中胆固醇含量为 8.2～12.4 mg/g。经过显著性分析，泰和乌鸡蛋和泰和杂交乌鸡蛋中的胆固醇含量相当，普通市售鸡蛋的胆固醇含量显著低于二者（$P < 0.05$）。这与报道的“原种泰和武山乌鸡蛋所含胆固醇较普通鸡蛋至少低 50%”的结论有所差异。导致胆固醇含量差异的因素大致可以归类为禽体本身、日粮组成及微量成分添加。

表 3.3　三种鸡蛋总脂质成分分析

脂质种类	品种		
	泰和乌鸡蛋	普通市售鸡蛋	泰和杂交乌鸡蛋
甘油三酯/（mg/g）	103.6	84.8	88.8
胆固醇/（mg/g）	11.3	10.5	11.6
游离脂肪酸/（mg/g）	1.7	1.0	1.0
磷脂/（mg/g）	0.2	0.1	0.3
鞘脂/（μg/g）	1.2	1.3	1.5

3. 卵磷脂

泰和乌鸡蛋中含有大量的卵磷脂，具有促进大脑发育的功效，还有增强免疫力、降血压、软化血管的作用。

4. 其他脂类

除胆固醇和卵磷脂外，鸡蛋黄中的甘油三酯、游离脂肪酸和鞘脂对神经系统和身体发育能够发挥很大的作用。甘油三酯是鸡蛋中含量最丰富的脂质种类，并且在泰和乌鸡蛋黄中的含量（103.6 mg/g）要显著高于普通市售鸡蛋黄（84.8 mg/g）和泰和杂交乌鸡蛋黄（88.8 mg/g），见表 3.3。游离脂肪酸呈现出相同的趋势，在泰和乌鸡蛋黄中的含量显著高于其他两种受试鸡蛋黄。与其他种类的脂质相比，鸡蛋中的鞘脂含量极低，仅为 μg/g 级别，并且其含量在三种蛋黄中没有显著差异。

3.3.2 小结

与泰和杂交乌鸡蛋和普通市售鸡蛋相比，泰和乌鸡蛋属于蛋白质含量相当、脂肪含量低的营养健康鸡蛋。卵磷脂和胆固醇含量是评价鸡蛋营养价值水平的重要指标之一。报道中关于泰和乌鸡蛋在卵磷脂和胆固醇含量上的优势描述主要有："胆固醇含量少也是泰和乌鸡的一大特点，其含量仅为普通乌鸡蛋的 1/5""乌鸡蛋中的胆固醇含量比普通鸡蛋低得多""经权威机构检测原种泰和武山乌鸡蛋所含胆固醇较普通鸡蛋至少低 50%"。但是本书研究得到的实验数据并没有印证以上结论，相反，测得的泰和乌鸡蛋黄中的胆固醇含量要高于普通市售鸡蛋。

3.4 泰和乌鸡蛋黄脂质组成分析

鸡蛋中 98%的脂质存在于蛋黄里，蛋清中含量极少。有报道称，泰和乌鸡蛋黄中富含不饱和的脂肪酸，特别是 ω-3 脂肪酸的二十二碳六烯酸，能降低血清中甘油三酯的水平，维持人体脑神经系统功能，因此乌鸡蛋被誉为"鸡蛋中的脑黄金"（许金新和陈安国，2003）。程瑛琨等（2005）对比分析了鸡蛋、乌鸡蛋、鹌鹑蛋中总脂肪、磷脂、胆固醇的含量，结果表明，乌鸡蛋黄中含有较高水平的磷脂（13.4%），因而具有较高的营养价值。卵磷脂是维持人体正常生命活动的重要物质，可为人体提供必需脂肪酸和胆碱等营养物质。目前关于鸡蛋中脂质营养成分的分析主要集中在对脂肪酸、卵磷脂和胆固醇等主要类别的脂质含量测定，缺少脂质分子组成的解析。针对泰和乌鸡蛋这一地方特色禽蛋品种，很多宣传都打出了"这蛋那蛋，不如泰和乌鸡蛋"的标语，但是对于其中原因几乎没有理论上的报道。本书研究的主要目的是借助脂质组学技术，从分子水平上分析泰和乌鸡蛋黄中的脂质组成，确定其中的功能因子，并与普通市售鸡蛋比较，为今后有针对性的产品宣传和营销提供理论基础和科学依据。

3.4.1 泰和乌鸡蛋黄脂质分子组成

1. 泰和乌鸡蛋与普通市售鸡蛋脂质组学分析

由图 3.4 和图 3.5 对泰和乌鸡蛋黄的脂质组学分析得，与普通市售鸡蛋黄相比，泰和乌鸡蛋黄中甘油二酯[18:4（6*Z*,9*Z*,12*Z*,15*Z*）/18:0/0:0]的含量要显著高于前者。顺-6,9,12,15-十八碳四烯酸（stearidonic acid, SDA）属于长碳链多不饱和脂肪酸，可以用来改善或增加哺乳动物心血管系统中的二十碳五烯酸和二十二碳六烯酸的浓度。

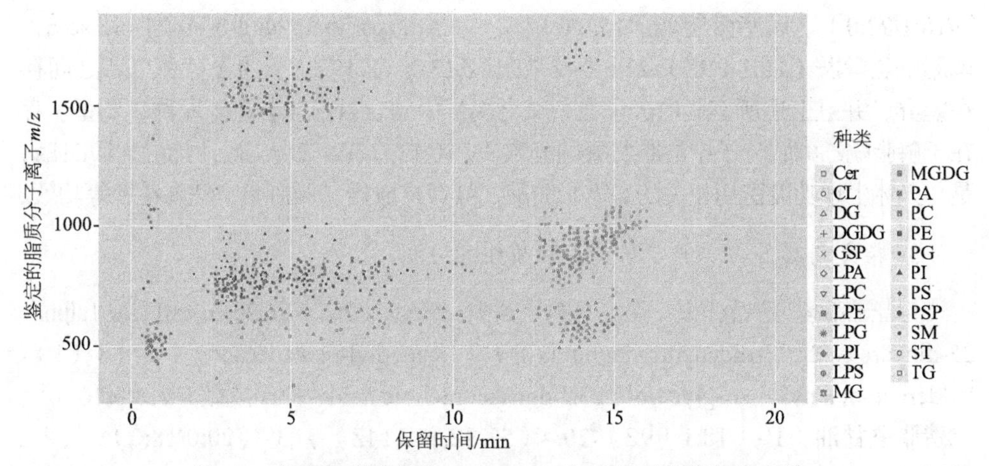

图 3.4　泰和乌鸡蛋黄的 LC/MS-ESI（+）脂质组学分析图谱

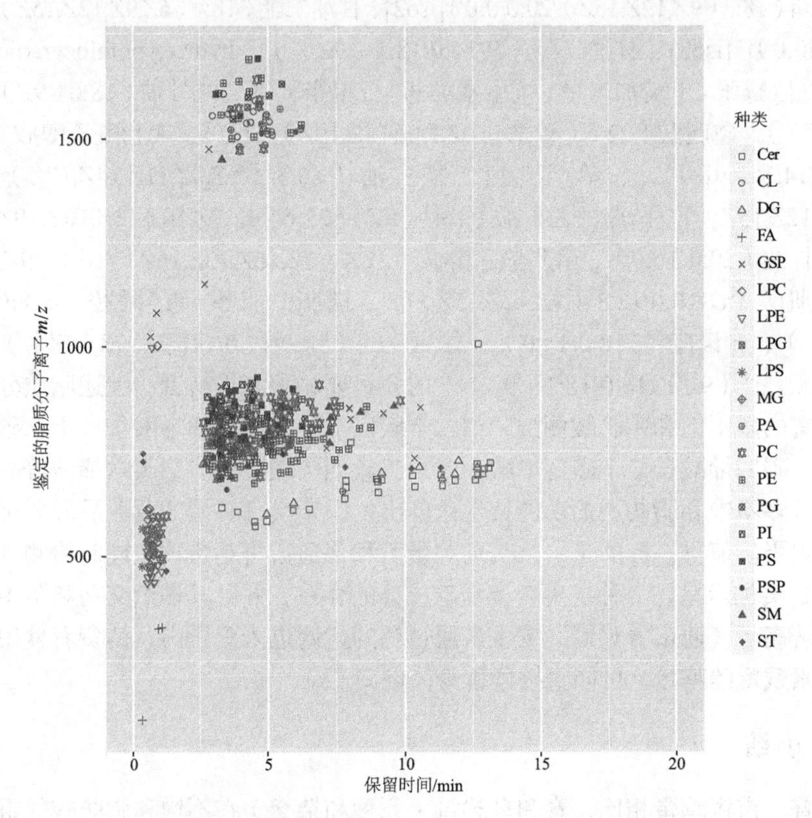

图 3.5　泰和乌鸡蛋黄的 LC/MS-ESI（–）脂质组学分析图谱

2. 泰和乌鸡蛋与杂交乌鸡蛋脂质组学分析

泰和乌鸡蛋黄与杂交乌鸡蛋黄相比，磷脂酰胆碱（*P*-20:0/21:0）、鞘磷脂（*d*18:1/22:0）、磷脂酰胆碱（15:0/0:0）、3,12-dioxo-5beta-chol-6-en-24-oic acid、磷脂酰乙醇胺（16:1（9*Z*）/22:6（4*Z*,7*Z*,10*Z*,13*Z*,16*Z*,19*Z*））的含量在二者之间存在差异，并且上述所有脂质分子在杂交乌鸡蛋中的含量都显著高于原种乌鸡蛋。存在于磷脂酰乙醇胺分子中的脂肪酸侧链顺-4,7,10,13,16,19-二十二碳六烯酸，即DHA，是与人体生理功能密切相关的必需脂肪酸，具有抗血栓、调血脂、健脑益智等功效。

3. 杂交乌鸡蛋与普通市售鸡蛋脂质组学分析

与普通市售鸡蛋黄相比，杂交乌鸡蛋黄中（22*E*）-（25*S*）-26,26,26-trifluoro-1alpha、25-dihydroxy-22,23-didehydrovitamin D_3、1-（14-methyl-pentadecanoyl）-2-（8-（3）-ladderane-octanyl）-sn-glycerol、23*Z*-dotriacontenoic acid、神经酰胺（*d*18:0/16:0）、二磷脂酰甘油（1′-（18:1（9*Z*）/20:4（5*Z*,8*Z*,11*Z*,14*Z*））,3′-（20:0/18:0））、二磷脂酰甘油（1′-（20:0/18:2（9*Z*,12*Z*））,3′-（20:0/20:0））、estrane-3alpha、17alpha-diol、甘油二酯（18:3（9*Z*,12*Z*,15*Z*）/20:0/0:0）[iso2]、甘油二酯（18:4（6*Z*,9*Z*,12*Z*,15*Z*）/20:1（11*Z*）/0:0） [iso2]、甘油二酯（*P*-14:0/18:1（9*Z*））、hydroxyphthioceranic acid（C39）、巨霉素C1美加米星（抗生素类药）、单半乳糖二酰甘油（18:0（9*Z*）/18:2（9*Z*,12*Z*））、磷脂酸（22:6（4*Z*,7*Z*,10*Z*,13*Z*,16*Z*,19*Z*）/21:0）、磷脂酰乙醇胺（19:1（9*Z*）/14:1（9*Z*））、单半乳糖二酰甘油（20:5（5*Z*,8*Z*,11*Z*,14*Z*,17*Z*）/18:4（6*Z*,9*Z*,12*Z*,15*Z*））、磷脂酰乙醇胺（16:1（9*Z*）/ 22:6（4*Z*,7*Z*,10*Z*,13*Z*,16*Z*,19*Z*））、磷脂酰甘油（20:0/16:0）、磷脂酰乙醇胺（22:4（7*Z*,10*Z*,13*Z*,16*Z*）/16:1（9*Z*））、磷脂酰肌醇（*O*-16:0/18:3（9*Z*,12*Z*,15*Z*））、磷脂酰肌醇-神经酰胺（*d*18:0/16:0（2OH））、鞘磷脂（*d*18:0/15:0）、甘油三酯（14:0/17:0/ 18:2（9*Z*,12*Z*））、甘油三酯（15:1（9*Z*）/16:0/18:1（9*Z*））的含量要显著高于前者。上述脂质分子中含有丰富的多不饱和脂肪酸侧链，如二十碳四烯酸（花生四烯酸）、十八碳三烯酸、十八碳四烯酸、二十碳五烯酸、二十二碳四烯酸、二十二碳六烯酸等。由此可见，从多不饱和脂肪酸的功能特性角度出发，杂交乌鸡蛋的营养品质要优于普通市售鸡蛋。值得一提的是，杂交乌鸡蛋黄和普通市售鸡蛋黄中同时检测到了巨霉素 C1 美加米星，一种抗生素类药物成分的存在，并且其在杂交乌鸡蛋中的含量要显著高于普通市售鸡蛋。抗生素通过鸡的代谢进入鸡蛋内，消费者食用了具有抗生素残留的鸡蛋，可能直接危害身体健康。

3.4.2 小结

与普通市售鸡蛋相比，泰和乌鸡蛋（原种和杂交）在不饱和脂肪酸的组成上都存在优势，因此被誉为婴幼儿童的“脑黄金”。从这个角度来看，关于“这蛋那蛋，不如泰和乌鸡蛋”的宣传是有事实依据的。

近年来我国食品安全问题频发，鸡蛋中抗生素残留问题一直以来都是消费者关注的热点。本书研究的两种受试鸡蛋中都检测到了抗生素（巨霉素 C1 美加米星）残留，经比较，泰和杂交乌鸡蛋中此抗生素的相对含量最高。因此，很多关于泰和乌鸡蛋“不含任何抗生素药物残留”的评价是有失偏颇的。

除了抗生素残留问题，三种鸡蛋黄中还同时检测到了伏马菌素 C1 和伏马菌素 C3。伏马菌素是由串珠镰刀菌产生的一种霉菌毒素，主要污染玉米等粮食及其制品，是一种致癌物。鸡蛋中伏马菌素的检出暗示饲养过程中，鸡可能食用了被伏马菌素污染的饲料，然后经由体内代谢，进入鸡蛋中。经显著性分析，伏马菌素在三种蛋黄中的含量不存在显著差异，但是其在杂交乌鸡蛋黄中的相对含量要高于其他两种受试蛋黄。

3.5　泰和乌鸡蛋清氨基酸组成分析

氨基酸是蛋白质的基本组成单位，是人体生命活动所必需的物质。氨基酸的含量和组成比例是评价食物营养价值的重要指标之一。鸡蛋中含有丰富的氨基酸，组成与人体蛋白质氨基酸模式接近，易被机体利用，因而是具有较高营养价值的食物。近年来，鸡蛋源化合物的抗氧化活性受到广泛的关注，因其可能对糖尿病、心脑血管等慢性病的防治发挥积极作用。有文献报道，鸡蛋中的两种芳香族游离氨基酸——色氨酸和酪氨酸具有抗氧化活性。随着功能活性成分的挖掘与开发，鸡蛋作为早餐食品受到越来越多人的青睐。鸡蛋品种的多样性决定了其氨基酸组成的特异性。宁浩然等（2017）分析比较了山鸡、珍珠鸡和贵妃鸡 3 种家养珍禽蛋黄中 16 种氨基酸的含量，为人们合理科学选择食用禽蛋提供了指导。但是，目前关于泰和乌鸡蛋中氨基酸组成的系统分析还未见报道。

3.5.1　三种鸡蛋清的氨基酸组成分析

使用氨基酸测定仪，对泰和乌鸡蛋清、普通市售鸡蛋清和泰和杂交乌鸡蛋清中 16 种氨基酸的含量进行了分析测定。对测定结果进行显著性分析，结果表明泰和杂交乌鸡蛋清中天门冬氨酸、丝氨酸、丙氨酸、亮氨酸、苯丙氨酸、赖氨酸、精氨酸、甘氨酸、酪氨酸和脯氨酸的含量要显著高于泰和乌鸡蛋清（$P < 0.05$）。由此可见，泰和乌鸡蛋在氨基酸组成上不具有比较优势。谷氨酸是泰和乌鸡蛋清、普通市售鸡蛋清和泰和杂交乌鸡蛋清中含量最丰富的氨基酸，分别为 0.75%、0.86%、0.88%（表 3.4）。谷氨酸是一种重要的酸性氨基酸和鲜味物质，具有特殊生理作用，可用于治疗肝性昏迷和改善儿童智力发育。

表 3.4　三种鸡蛋的氨基酸组成

氨基酸/（g/100g）	品种		
	泰和乌鸡蛋	普通市售鸡蛋	泰和杂交乌鸡蛋
天门冬氨酸	0.65 ± 0.01^{c}	0.80 ± 0.05^{a}	0.77 ± 0.01^{b}
苏氨酸	0.20 ± 0.01	0.24 ± 0.01	0.24 ± 0.02
丝氨酸	0.42 ± 0.01^{c}	0.49 ± 0.01^{b}	0.51 ± 0.03^{a}
谷氨酸	0.75 ± 0.01	0.86 ± 0.01	0.88 ± 0.06
甘氨酸	0.25 ± 0.01^{b}	0.31 ± 0.03^{a}	0.30 ± 0.01^{a}
丙氨酸	0.40 ± 0.01^{b}	0.45 ± 0.04^{a}	0.47 ± 0.01^{a}
缬氨酸	0.15 ± 0.01	0.17 ± 0.01	0.17 ± 0.01
蛋氨酸	0.19 ± 0.01	0.21 ± 0.01	0.22 ± 0.01
胱氨酸	—	—	—
异亮氨酸	0.08 ± 0.01	0.09 ± 0.01	0.10 ± 0.01
亮氨酸	0.37 ± 0.01^{b}	0.43 ± 0.01^{a}	0.43 ± 0.02^{a}
酪氨酸	0.27 ± 0.01^{b}	0.34 ± 0.02^{a}	0.33 ± 0.01^{a}
苯丙氨酸	0.46 ± 0.01^{b}	0.56 ± 0.04^{a}	0.56 ± 0.01^{a}
赖氨酸	0.33 ± 0.01^{b}	0.39 ± 0.01^{a}	0.38 ± 0.02^{a}
组氨酸	0.10 ± 0.01	0.12 ± 0.01	0.12 ± 0.01
精氨酸	0.27 ± 0.01^{b}	0.32 ± 0.01^{a}	0.32 ± 0.01^{a}
脯氨酸	0.22 ± 0.01^{b}	0.22 ± 0.01^{b}	0.27 ± 0.01^{a}
色氨酸	—	—	—
氨基酸总量 TAA	5.11 ± 0.05^{b}	6.00 ± 0.26^{a}	6.07 ± 0.23^{a}
必需氨基酸总量 EAA	1.78 ± 0.01^{b}	2.09 ± 0.04^{a}	2.10 ± 0.08^{a}
非必需氨基酸总量 NEAA	3.33 ± 0.04^{b}	3.91 ± 0.22^{a}	3.97 ± 0.15^{a}
鲜味氨基酸总量 FAA	2.32 ± 0.03^{b}	2.74 ± 0.16^{a}	2.74 ± 0.12^{a}
EAA/TAA	34.83%	34.83%	34.60%
EAA/NEAA	53.45%	53.45%	52.90%
FAA/TAA	45.40%	45.67%	45.14%

同时，对三种鸡蛋清中必需氨基酸总量占氨基酸总量的质量分数（EAA/TAA）和占非必需氨基酸总量的质量分数（EAA/NEAA）进行了计算。根据 FAO/WHO 推荐的理想蛋白模式，EAA/TAA 值在 40%左右，EAA/NEAA＞60%为优质蛋白质。通过比较，三种受试鸡蛋清的 EAA/TAA 值和 EAA/NEAA 值均略低于 FAO/WHO 推荐值，但是相差不大。

3.5.2　小结

对泰和乌鸡蛋、普通市售鸡蛋和泰和杂交乌鸡蛋 3 种蛋清中的 16 种氨基酸含量进行了比较分析；泰和乌鸡蛋清中 16 种被检测氨基酸的含量均低于普通市售鸡蛋清和泰和杂交乌鸡蛋清。这与鸡蛋品种、饲料的成分及饲养方式等因素有关。屈倩等（2016）研究了饲料中中药复方添加对鸡蛋中氨基酸含量的影响，结果表明党参、北芪、淮山、枸杞子、陈艾、肉桂可以增加鸡蛋中甘氨酸、脯氨酸、丙氨酸、缬氨酸、蛋氨酸、胱氨酸、苏氨酸、异亮氨酸、亮氨酸、赖氨酸的含量。可见，饲料配方是决定鸡蛋营养价值的关键因素。这一结论可以为高营养价值泰和乌鸡蛋的开发提供思路与指导。

3.6　泰和乌鸡蛋维生素组成分析

泰和乌鸡蛋中含有丰富的维生素 A、B 族维生素、维生素 E 和胡萝卜素，是滋补食疗的佳品。有报道称“泰和乌鸡蛋中维生素 A、B 族维生素、维生素 E 的含量比普通鸡蛋高出 5～10 倍”。但目前为止，尚没有关于泰和乌鸡蛋中维生素种类及含量的具体全面报道。因此，泰和乌鸡蛋在维生素组成上的种质优势是吹捧，还是实事求是的宣传？这一问题需要通过科学实验来寻找答案。

3.6.1　三种鸡蛋维生素组成分析

1. *β*-胡萝卜素

β-胡萝卜素是存在于鸡蛋黄中最重要、最稳定的色素，能分解成维生素 A，因此称为维生素 A 原。*β*-胡萝卜素具有抗氧化、预防癌症等生理功能。泰和乌鸡蛋中 *β*-胡萝卜素的含量仅为泰和杂交乌鸡蛋的 44.5%（表 3.5）。有研究表明，饲料中维生素的含量会影响鸡蛋中 *β*-胡萝卜素的水平，维生素 A 与 *β*-胡萝卜素在消化吸收方面存在竞争；此外，由于脂肪对脂溶性维生素起运输作用，因此饲料中脂肪的含量也会对鸡蛋中 *β*-胡萝卜素的水平产生影响。

表 3.5　三种鸡蛋维生素组成分析结果

维生素	品种		
	泰和乌鸡蛋	普通市售鸡蛋	泰和杂交乌鸡蛋
β-胡萝卜素/（μg/100g）	2.27 ± 0.06^{b}	—	5.10 ± 0.08^{a}
维生素 A/（mg/L）	4.05 ± 0.03^{a}	3.61 ± 0.05^{b}	2.67 ± 0.02^{c}
维生素 E/（mg/L）	55.61 ± 0.92^{b}	105.99 ± 0.93^{a}	44.48 ± 0.86^{c}
维生素 B_1/（μg/kg）	46.80 ± 0.04^{b}	40.12 ± 0.24^{c}	94.40 ± 0.68^{a}
维生素 B_2/（μg/kg）	433.11 ± 9.35^{a}	374.90 ± 6.87^{c}	395.01 ± 2.54^{b}
烟酸/（mg/100g）	0.08 ± 0.01	0.10 ± 0.01	0.11 ± 0.01

2. 维生素 A

泰和乌鸡蛋中维生素 A 的含量要显著高于普通市售鸡蛋和泰和杂交乌鸡蛋，含量为 4.05 mg/L。维生素 A 具有维持正常视觉、促进免疫球蛋白合成、维持骨骼正常生长发育、预防癌症等诸多功能。

3. 维生素 E

与维生素 A 同样属于脂溶性的维生素 E，在泰和乌鸡蛋中的含量要显著高于泰和杂交乌鸡蛋（$P < 0.05$），但是二者同时又显著低于普通市售鸡蛋中的含量；比较后发现，泰和杂交乌鸡蛋中维生素 E 的含量不足普通市售鸡蛋的 1/2。林厦菁等（2017）认为，鸡蛋中维生素 E 的含量与饲料中维生素 E 的添加水平密切相关。因此，鸡蛋中维生素 E 含量水平的提高可以考虑从调节饲料的物料配比入手。

4. 维生素 B_1

维生素 B_1，又称硫胺素，是维持心脏、神经、消化系统正常功能所必需的维生素。测定结果表明，维生素 B_1 在 3 种鸡蛋中的含量存在显著差异（$P < 0.05$），以泰和杂交乌鸡蛋中的含量最高，为 94.40 μg/kg，是泰和乌鸡蛋中维生素 B_1 含量的 2 倍。

5. 维生素 B_2

维生素 B_2，又称核黄素，对热比较稳定，具有促进细胞再生，促进皮肤、指甲、毛发正常生长等生理作用。尽管与维生素 B_1 同属于水溶性维生素，但是维生素 B_2 含量最丰富的蛋种是泰和乌鸡蛋，为 433.11 μg/kg，显著高于泰和杂交乌鸡蛋（395.01 μg/kg）和普通市售鸡蛋（374.90 μg/kg）。除此之外，泰和乌鸡蛋中维生素 B_2 的含量是维生素 B_1 的 9.3 倍，属于维生素 B_2 的良好食物来源。

6. 烟酸

烟酸，是人体必需的 13 种维生素之一，参与体内脂质代谢，组织呼吸的氧化过程和糖类无氧分解过程，具有调节消化系统、减轻胃肠障碍、促进血液循环、预防高血压等作用。经分析比较，泰和乌鸡蛋、泰和杂交乌鸡蛋和普通市售鸡蛋中烟酸含量并无显著差异性（$P > 0.05$），分别为 0.08 mg/100g、0.11 mg/100g、0.10 mg/100g。

3.6.2　小结

对泰和乌鸡蛋（原种和杂交）中的β-胡萝卜素，脂溶性维生素 A、维生素 E，水溶性维生素 B_1、维生素 B_2 和烟酸进行了检测分析，结果表明，与泰和杂交乌鸡蛋相比，泰和乌鸡蛋中的维生素 A、维生素 E 和维生素 B_2 的含量比较高，分别是前者的 1.5 倍、1.3 倍和 1.1 倍，表明泰和乌鸡蛋在发挥保护视力、抗氧化、美容养颜等功效方面更具优势。

关于“泰和乌鸡蛋中维生素的含量均高于普通市售鸡蛋”的论述是不准确的。从所得实验数据可以看出，不同种类的维生素在鸡蛋中的分布是有差异的。因此，从维生素的角度出发，对泰和乌鸡蛋的品质优势进行评价要依据维生素种类，给出具体、详细、科学的判断。

泰和乌鸡蛋中维生素的组成，可以通过饲料配比来调控，这也是目前养殖业常用的技术手段。

3.7　泰和乌鸡蛋矿物质组成分析

矿物质元素作为有机体酶、激素等生物活性物质的组成成分并参与体内一系列物质和能量代谢过程，对维持机体正常新陈代谢起着关键作用。泰和乌鸡蛋中矿物质元素含量是衡量鸡蛋营养品质的关键指标之一。通过对矿物质元素含量的分析比较，探明泰和乌鸡蛋、泰和杂交乌鸡蛋和普通市售鸡蛋三者之间存在的差异，进一步明确泰和乌鸡蛋在有益元素组成上存在的优势，为商家和消费者提供科学数据参考。

3.7.1　三种鸡蛋矿物质组成分析

1. 常量元素

每日膳食需要量> 100 mg 的元素，称为常量元素，包括钙和镁。泰和乌鸡蛋中钙元素的含量为 457.52 μg/g，含量显著高于泰和杂交乌鸡蛋和普通市售鸡蛋

（$P < 0.05$），分别是它们的 1.51 倍和 1.16 倍（表 3.6）。钙被誉为人体的“生命元素”，是骨骼和牙齿的重要成分，在体内参与调解多种酶的活性，维持肌肉和神经的正常活动。泰和乌鸡蛋中镁元素含量为 111.69 μg/g，是泰和杂交乌鸡蛋含量的 1.33 倍和普通市售鸡蛋含量的 1.09 倍（表 3.6）。镁元素对维护胃肠道功能和骨骼生长都能够发挥积极作用。从钙、镁含量角度评价，泰和乌鸡蛋相比泰和杂交乌鸡蛋和普通市售鸡蛋而言更具优势，也因此更具市场竞争力。

表 3.6　三种鸡蛋矿物质组成分析

元素	品种		
	泰和乌鸡蛋	普通市售鸡蛋	泰和杂交乌鸡蛋
Ca/（μg/g）	457.52 ± 9.38^{a}	393.35 ± 7.12^{b}	302.90 ± 5.37^{c}
Mg/（μg/g）	111.69 ± 2.69^{a}	102.74 ± 0.69^{b}	83.71 ± 0.50^{c}
Cu/（μg/kg）	538.82 ± 9.48^{b}	598.78 ± 27.39^{a}	333.16 ± 14.84^{c}
Mn/（μg/kg）	245.67 ± 16.66^{a}	196.17 ± 3.34^{b}	157.38 ± 5.56^{c}
Fe/（μg/g）	21.98 ± 0.43^{a}	13.00 ± 0.44^{b}	11.28 ± 0.45^{c}
Zn/（μg/g）	13.03 ± 1.09^{a}	9.06 ± 1.52^{a}	6.54 ± 0.44^{c}
Se/（μg/g）	228.53 ± 12.56^{a}	196.04 ± 0.97^{a}	202.77 ± 0.18^{a}
As/（μg/kg）	2.80 ± 0.27^{b}	0.03 ± 0.02^{a}	3.77 ± 0.58^{b}
Pb/（μg/kg）	6.74 ± 3.23^{a}	2.94 ± 1.84^{a}	4.46 ± 0.52^{a}
Cd/（μg/kg）	0.18 ± 0.06^{a}	0.36 ± 0.05^{a}	0.19 ± 0.07^{a}

2. 微量元素

铁、锌、硒、铜属于人体必需的微量元素，一定范围内，含量越高对人体健康越有益处。经电感耦合等离子体质谱测定，原种泰和乌鸡蛋中铁和锌元素的含量要显著高于普通市售鸡蛋和泰和杂交乌鸡蛋，分别为 21.98 μg/g 和 13.03 μg/g。测得铜元素在原种泰和乌鸡蛋中的含量为 538.82μg/kg，显著高于泰和杂交乌鸡蛋中的 333.16 μg/kg（表 3.6）。对于硒元素而言，3 种鸡蛋中该元素的含量不存在显著差异（$P > 0.05$）：原种泰和乌鸡蛋中硒的平均含量（228.53 μg/g）略高于泰和杂交乌鸡蛋（202.77 μg/g）和普通市售鸡蛋（196.04 μg/g）（表 3.6）。硒的生物学作用主要表现在抗氧化和维持正常免疫功能方面。据报道，海产品和动物的肝脏是硒的良好来源，硒含量为 60～400 μg/g。由此可以看出，泰和乌鸡蛋属于硒含量丰富的食物，经常食用，可以增强人体免疫力，延缓衰老。

锰同样属于可以对人体健康发挥积极作用的微量元素，它具有抗氧化、抗衰老、预防癌症和贫血的作用，同时具有促进骨骼正常生长发育的功能。但是锰不属于人体必需微量元素，主要食物来源有糙米、米糠、香料、核桃和麦芽等。蛋类属于锰元素的微量来源，泰和乌鸡蛋中锰含量为 245.67 μg/g，显著高于泰和杂交乌鸡蛋和普通市售鸡蛋（$P < 0.05$）（表 3.6）。

3. 有毒重金属元素

除了对人体健康发挥积极作用的常量元素和微量元素，鸡蛋中同时检测出了砷、铅、镉等有毒重金属元素。砷、铅、镉的过量摄入可致中毒，对人体造成伤害，如砷中毒主要影响中枢神经系统和人体正常新陈代谢。根据国家食品卫生标准《食品安全国家标准 蛋与蛋制品》（GB 2749—2015）的规定，食物中无机砷、铅、镉的检出量分别不得超出 0.05 μg/g、0.2 μg/g、0.05 μg/g。经分析，泰和乌鸡蛋中无机砷、铅、镉的含量分别为 0.0028 μg/g、0.0067 μg/g、0.0002 μg/g，均远远低于国家食品卫生限量标准，因此不会对人体造成重金属伤害。

3.7.2　小结

从常量元素（钙、镁）和微量元素（铁、锌、硒、锰）来看，泰和乌鸡蛋中的含量水平高于泰和杂交乌鸡蛋和普通市售鸡蛋，可列为高营养价值禽蛋产品开发的重点品种。

泰和乌鸡蛋中检出的有毒重金属元素无机砷、铅、镉含量符合国家食品卫生限量标准，属于安全无公害的禽蛋产品。

通过改变蛋鸡的饲料配方或者食物成分，可以得到富集特定矿物质元素的鸡蛋，这种鸡蛋被称为“设计鸡蛋”。例如，川西北藏区土壤中铁和锌元素的含量较高，且相应环境的牧草中铁和锌含量也较高，因而当地所产的鸡蛋中铁、锌含量也高于其他地区的鸡蛋。以上结论可为优质泰和乌鸡蛋资源的开发提供参考，借助科学的饲养管理，针对性地改良鸡蛋的营养价值品质，进而提升其市场竞争力及养殖户的经济效益。

参 考 文 献

卞立红, 王瑛, 赵寒梅, 等. 2014. 市售各种食用蛋类蛋品质分析. 安徽农业科学, (8): 2332-2334.

陈虹, 张建海. 2011. 鸡蛋品质分析与研究. 黑龙江畜牧兽医, (22): 41-42.

程瑛琨, 鄂晨光, 刘明石, 等. 2005. 鸡蛋、乌鸡蛋、鹌鹑蛋营养成分的测定比较. 饲料工业, 26(7): 10-12.

冯静, 王燕, 臧蕾, 等. 2016. 不同品种蛋鸡鸡蛋营养成分的比较研究. 畜牧与饲料科学, 37(9): 4-9.

冯曼, 李占印, 王亚男, 等. 2016. 饲喂玉米和大麦型日粮坝上长尾鸡鸡蛋氨基酸成分分析. 中国家禽, 38(12): 47-50.

黄明发, 吴桂苹, 焦必宁. 2007. 二十二碳六烯酸和二十碳五烯酸的生理功能. 食品与药品, 9(2): 69-71.
李方龙, 曲正祥, 段晓燕, 等. 2015. 略阳乌鸡蛋品质分析. 西北农业学报, 24(4): 38-43.
李慧芳, 葛庆联, 汤青萍, 等. 2007. 不同蛋类蛋品质分析和比较. 中国畜牧杂志, 43(1): 56-57.
林厦菁, 蒋守群, 李龙, 等. 2017. 饲粮添加维生素E和酵母硒对黄羽肉种鸡产蛋性能、孵化性能及蛋中维生素E和硒沉积量的影响. 动物营养学报, 29(5): 68-79.
刘瑞平, 陈俊, 钟云平, 等. 2015. 不同添加剂对鸡蛋品质的影响. 江西饲料, (2): 1-3.
宁浩然, 宋超, 邢秀梅, 等. 2017. 三种家养珍禽蛋黄中脂肪酸和氨基酸含量测定与分析. 中国家禽, 39(8): 58-60.
欧阳永中, 李操, 姜翠翠, 等. 2013. 乌鸡蛋品质的电喷雾萃取电离质谱法研究. 东华理工大学学报(自然科学版), 36(3): 344-348.
屈倩, 蔡卓珂, 吕伟杰, 等. 2016. 中药复方对鸡蛋营养成分及蛋品质的影响. 养禽与禽病防治, (11): 13-16.
田向学, 刘晓明, 张克刚, 等. 2009. 不同品种鸡蛋品质与蛋营养物质分析比较. 家禽科学, (11): 31-32.
王修启, 郑海刚, 安汝义, 等. 1999. 影响蛋壳质量的因素及改善措施. 中国家禽, (7): 39-40.
文勇立, 李辉, 李学伟, 等. 2007. 川西北草原土壤及冷暖季牧草微量元素含量比较. 生态学报, 27(7): 2837-2846.
谢绿绿. 2011. 鸡蛋黄中脂质成分及脂肪酸组成分析研究. 武汉: 华中农业大学.
徐迪迪. 2010. 蛋黄磷脂不同方法提取与检测分析的研究. 武汉: 武汉工程大学.
徐桂云. 2012. 鸡蛋品质及营养价值的新认识. 中国家禽, 34(13): 36-38.
许金新, 陈安国. 2003. 使鸡蛋脂质中ω-3脂肪酸富集的途径. 中国家禽, 25(2): 39-41.
张芳毓, 金香淑, 路国雨, 等. 2012. 不同品种鸡蛋品质的比较分析. 东北农业科学, 37(5): 59-61.
张慧君, 李福林. 2008. 蛋形指数对孵化效果的影响. 北方农业学报, (2): 65-66.
张佳兰, 高玉鹏. 2003. 鸡蛋品质研究现状. 山东家禽, (5): 44-47.
周秋贵, 梁兆昌. 2005. 地道药材——原种泰和武山乌骨鸡. 井冈山医专学报, 12(4): 96.
Clayton Z S, Fusco E, Kern M. 2017. Egg consumption and heart health: a review. Nutrition, (37): 79.
Elkin R G, Ying Y, Fan Y, et al. 2016. Influence of feeding stearidonic acid (18:4n-3)-enriched soybean oil, as compared to conventional soybean oil, on tissue deposition of very long-chain omega-3 fatty acids in meat-type chickens. Animal Feed Science & Technology, 217: 1-12.
Exler J, Phillips K M, Patterson K Y, et al. 2013. Cholesterol and vitamin D content of eggs in the U.S. retail market. Journal of Food Composition & Analysis, 29(2): 110-116.
Nimalaratne C, Lopes-Lutz D, Schieber A, et al. 2011. Free aromatic amino acids in egg yolk show antioxidant properties. Food Chemistry, 129(1): 155-161.

第4章　泰和乌鸡药用价值研究

泰和乌鸡是国际乌鸡标准品种，是我国著名的药食兼用珍禽，也是我国重要的生物遗传资源。以其珍贵的药用、营养、保健价值为古今中外学者重视。泰和乌鸡药用历史悠久，如唐代陈藏器著《本草拾遗》、孟诜著《食疗本草》、明代龚廷贤著《寿世保元》、李时珍著《本草纲目》、《中药志》及近代《中国药用动物志》中均有其药效论述。近代科学工作者对其营养成分、血液生化成分、血清蛋白质及生理指标等进行了系统分析，进一步阐明了其药理作用和药用价值等，取得了新进展。

4.1　泰和乌鸡对医学的历史贡献

泰和乌鸡集药、食、补三大功能于一体，是我国特有的珍贵禽类。我国现存最早的药学专著《神农本草经》对乌鸡肉、肝、胆、嗉囊、蛋等的药用价值有所记载。

中医学认为，泰和乌鸡味甘性平，具有补肝养肾、益气活血、退虚热、调月经、止白带等功效。泰和乌鸡入药有益肾养阴、壮阳补气之功能，并能补血、平肝祛风、补虚除劳、祛热生津，可用以治疗消渴、遗精、久痢、骨折、妇女经血不调、崩中带下、虚损诸病。

早在唐代前，泰和乌鸡就用以入药。这在我国许多医学专著中都有详细的记载，如《本草纲目》、《食疗本草》、《本草拾遗》、《本草经疏》、《本草从新》、《本草求真》、《本草再新》、《本草通玄》、《滇南本草》、《普济方》、《陆川本草》、《五十二病方》（汉代马王堆汉墓中发掘）、《肘后备急方》（晋代名医葛洪著）及《中药大辞典》等。例如，乌鸡白凤丸的药方始于唐朝，后清朝太医院总结前人的临床经验，修订为清宫秘方，一直流传至今。

随着人们消费水平的提高，泰和乌鸡的营养价值日益为消费者熟知，用泰和乌鸡入药治病的民间验方颇多。

（1）阳虚咳喘、夜间转重：柚子 1 个，开顶盖，挖去果肉，将清洗干净的泰和乌鸡切成小块，置于柚子内，加少许水，不放食盐及调料，盖好、纸封，泥裹，柴火烤 4～5 h。待鸡熟透，去泥开盖，取鸡肉连汁食之。

（2）咳嗽气喘：泰和乌鸡 1 只，陈醋 1500～2000 mL（由鸡大小决定）。将泰和乌鸡去毛清洗干净，切碎，以陈醋煮熟，分 3～5 顿热吃。

（3）身体虚弱、月经不调：泰和乌鸡肉 100 g、冬虫夏草 9 g、当归 9 g，加水适量，共煮浓汤，食用。

（4）血虚闭经：泰和乌鸡肉 150 g、丝瓜 100 g、鸡内金 10 g，同煮汤，加适量食盐调味，食用。

（5）潮热盗汗：泰和乌鸡 1 只，将当归、熟地、白芍、知母、地骨皮各 10 g 放入乌鸡腹内，用线缝合，煮熟后去药，食肉。

（6）虚劳：泰和乌鸡肉 100 g、淮山药 50 g、冬虫夏草 10 g，加水适量，文火煮浓汤，食用。

（7）慢性咽炎：泰和乌鸡蛋、木鳖子各 10 个。将木鳖子炼干、研末，蛋打入碗中，加木鳖粉，搅匀，文火蒸熟，每次服用 1 个，每日早晚各服用 1 次，10 次为一疗程。

4.2 泰和乌鸡古代医学研究

4.2.1 历代评述

泰和乌鸡入药最早见于《五十二病方》。唐朝时期，乌鸡被当作丹药的主要成分来治疗所有妇科疾病。明朝著名的《本草纲目》记载泰和乌鸡是妇科病的滋补及滋养品。泰和乌鸡是一种食补佳品，受到历代医学家的高度重视，并把它收录到中药典籍里。

《五十二病方》中描述道："病蛊者以乌雄鸡并蛇放赤瓦铺上，令鸡蛇尽燋以酒粥佐而饮之。"

《肘后备急方》中提到："乌鸡为主药，配以……以治警邪恍惚之疾。"

《本草经疏》中记载："乌鸡补血益阴，则虚劳羸弱可除，阴回热去则津液自生，……益阴，则冲、任、第三脉俱旺，故能除崩中带下，一切虚损诸病也。"

《本草撮要》称："入手太阴、足厥阴、少阴经。"主治虚劳骨蒸羸瘦，养阴退热，消渴，脾虚滑泄，下痢口噤，崩中，带下。

《本草备要》中提及："乌鸡补虚劳，甘平，鸡属木，骨黑者属水，得水木之精气，故能益肝肾，退热补虚，男用雌，女用雄。"

《中国药用动物志》中记录："泰和乌鸡具有补肝肾、益气血、清虚热的功能，主治遗精，久泻久痢，消渴，赤白带下，骨蒸劳热等。"

《泰和县志》中记载："武山鸡，口内生香，以乌骨、绿耳、红冠、五爪、毛白色者为最佳。……能治虚症、阴症、痘症。"

4.2.2　功效详述

《本草纲目》是明代李时珍编撰的本草著作，共52卷，分为16部、60类，收录药物1892种，医方11096个。作者总结前人本草学成就，结合自身长期访学积累的药学知识和实践经验，历时数十年书就。《本草纲目》修订了古代医书中的一些错误，对本草学进行了全面的整理总结，是一部影响广泛而深刻的博物学巨著，书中对泰和乌鸡的药用功效有详细记载。

例如，"泰和老鸡，甘平、无毒，内托小儿痘疮，家家畜之"；又"泰和乌鸡甘平无毒，益助阳气，滋阴补肾，治心绞痛，和酒五合服之"；"乌色属水，牝象属阴，故乌雌所治皆血分之病，各从其类也"；"但观鸡舌黑者，则肉骨俱乌，入药更良"；"乌鸡气味甘平，无毒"；"主治补虚劳羸弱，治消渴，中恶鬼击心腹痛，益产妇，治女人崩中带下，一切虚损诸病，大人小儿下痢禁口，并煮食饮汁，亦可捣和药丸"；"鸡属木，而骨反乌者，巽变坎也，受水木之精气，故肝肾血分之病宜用之，男用雌，女用雄，妇人方科有乌鸡丸，治妇人百病，煮鸡至烂和药，或并骨研用之"。

书中，《禽部·鸡》记述了乌鸡及各部位药用。

1. 鸡

（1）赤白带下：用乌鸡一只，治净，在鸡腹中装入白果、莲肉、江米各五钱，胡椒一钱，均研为末，煮熟，空心吃下。

（2）遗精白浊：治方同上。

（3）脾虚滑泄：用乌骨母鸡事例，治净，在鸡腹内装入豆蔻一两、苹果二枚（烧存性），扎定，煮熟，空心吃下。

2. 血

（1）鸡血：安神定心，解虫毒，治筋骨折伤、白癜风、疬疡风。

（2）鸡冠血：涂颊治口歪不正，涂诸疮癣、虫伤。

3. 肝

（1）阳痿：用雄鸡肝三具，菟丝子一升，共研为末，加雀卵和成丸子，如梧子大。每服一百丸，酒送下，一天服二次。

（2）睡中遗尿：用乌鸡肝一具，切细，以豉和米煮鸡肝成粥吃下。

（3）肝虚目暗：用乌雄鸡肝、桂心等分，捣烂做成丸子，如小豆大。每服一丸，米汤送下。一天服三闪，治遗精病，可用上方加龙骨。

4. 胆

（1）沙石淋沥：用干雄鸡胆半两、鸡屎白（炒）一两，研匀温酒服一钱，至小便通畅为止。

（2）眼热流泪：用五倍子、蔓荆子煎汤洗眼，洗后用雄鸡胆点上。

5. 嗉囊

小便不禁及气噎食不消。

6. 鸡内金

（1）遗尿：用鸡肶一具，连鸡肠烧存性，酒送服。男用雌鸡，女用雄鸡。

（2）小便淋沥：用鸡内金五钱，阴干，烧存性，开水送服。

（3）反胃吐食：用鸡肶一具，烧存性，酒调服。男用雌鸡，女用雄鸡。

（4）噤口痢疾：用鸡内金焙过，研为末，乳汁送服。

（5）喉闭乳蛾：用鸡内金阴干（有须洗过），烧成末，以竹管吹入喉部，蛾破即愈。

（6）一切口疮：用鸡内金烧灰敷涂。

（7）脚胫生疮：用鸡内金洗净贴上，一天换一次，十天病愈。

7. 屎白

（1）心腹鼓胀，小便短涩：用冬季干鸡屎白半斤，放入新酒一斗中，泡七天后，每次温服三杯，一天服三次，此方名“鸡屎醴”。

又方用鸡屎、桃仁、大黄各一钱，水煎服。

又方用鸡屎炒过，研为末，滚水淋取汁，调木香、槟榔末二钱服。

又方用鸡屎、川芎，等分为末，加酒、糊做成丸子，服适量。

（2）一切肿胀（肚腹、四肢肿胀，鼓胀、气胀、水胀等）：用干鸡屎一升，加新酒（未过滤者）三碗，煮成一碗，滤汁饮服。不久，有小排出，先从脚下消肿。如水未消尽，隔日再照样治疗，另用田螺三个，滚酒煮食。再吃白粥调理身体。

（3）食米成瘕（好吃生米，口吐清水）：用鸡屎同白米等分，合炒为末，水调服。米形物吐即愈。

（4）石淋疼痛：用鸡屎白晒至半干，炒为末，每服一匙，本乡浆送下。一天服二次。

（5）中风寒痹，口噤：用鸡屎白后升，炒黄，加酒三升，搅令澄清后饮服。

（6）产后中风，口噤，抽筋：用黑豆二升半，同鸡屎白一升炒熟，加入清酒一升半，再加竹沥，饮服。令发汗。

（7）喉痹肿痛：用鸡屎白含口中，咽汁。

（8）牙齿疼痛：用鸡屎白烧末，棉裹，放痛和咬住，即愈。

（9）鼻血不止：取屎白，烧灰，吹入鼻中。

（10）面目黄疸：用鸡屎白、小豆秫米各二分共研为末，分作三服，水送下，当有黄汁排出。

（11）乳痈：用鸡屎白炒过，研为末，酒送服一匙，三服可愈。

（12）瘰疬瘘疮：用雄鸡屎烧灰。调猪油涂搽。

8. 鸡蛋

（1）伤寒发狂，热极烦躁：吞生鸡蛋一枚，有效。

（2）身体发黄：用鸡蛋一枚，连壳烧成灰。研细，加醋一合，温服。服三次，有特效。

（3）身面肿满：用鸡蛋黄白相和，涂搽肿处，干了再涂。

（4）产后血多：用乌鸡蛋三枚、醋半升、酒二升，搅匀，煮成一升，分四次服下。

（5）妇女白带：用酒及艾叶煮鸡蛋。每天取食。

（6）身体发热：用鸡蛋三枚、白蜜一俣，和匀服用，不拘大人或小孩都有效。

9. 鸡蛋白

（1）赤白痢：用生鸡蛋一个，取白摊纸上，晒干，折出四层，包乌梅十个，烧存性，冷定后研为末，加水银粉少许。大人分二次服，小孩分三次服，空腹服，水送下。如只微泻，即不须再服药。

（2）蛔虫攻心，口吐清水：用鸡蛋白和漆调匀舌下，虫即引出。

（3）汤火烧灼：有鸡蛋白和酒调匀，勤沅痛处，忌发物。

10. 鸡蛋黄

（1）赤白痢：用鸡蛋一术，取黄去白，加胡粉满壳，烧存性，酒送服一匙。

（2）小儿疾：用鸡蛋黄和乳汁搅服。

（3）小儿头疮：取熟鸡蛋黄，炒令油出，调麻油、腻粉涂搽。

（4）消灭瘢痕：用鸡蛋五、七枚煮熟。取黄炒黑，一天涂三次，直至瘢痕消灭。

11. 鸡蛋壳

（1）小便不通：用蛋壳、海蛤、滑石等分为末，每服半钱，米汤送下，一天服三次。

（2）头疮白秃：用鸡蛋壳七个，炒过，研为末，调油敷涂。

（3）头上软疖：用孵出小鸡后的蛋壳，烧存性，研为末，加轻粉少许，清油调敷。

（4）阴茎生疮：用鸡蛋壳炒过，研为末，调油敷涂。

（5）肾囊痈疮：用孵出小鸡后的蛋壳、黄连、轻粉，等分为末，以炼地宾香油调匀敷涂。

4.3　泰和乌鸡现代医学研究

古今中外大量文献记载与丰富的实践经验使泰和乌鸡成为现代医学研究的热点之一，中国科学院的研究显示乌鸡有特殊的营养及医药价值。乌鸡是补虚劳、养身体的上好佳品，食用乌鸡可以提高生理机能、延缓衰老、强筋健骨，对防治骨质疏松、佝偻病、妇女缺铁性贫血症等有明显功效。

4.3.1　药理研究

泰和乌鸡的现代药理研究是围绕阐明泰和乌鸡药用的物质基础和作用机制而进行的，主要包括如下几个方面。

1. 抗诱变作用

应用大肠杆菌致突变实验研究泰和乌鸡黑色素抗诱变作用，当诱变剂中加入0.2 mg/mL 的黑色素时，突变频率显著下降，并随着黑色素浓度增高，抑制突变作用增强。其机制可能是抑制人体内一些对细胞有损伤作用的物质的活性，进而促进某些致突变物质的降解或排泄，保护细胞的完整性，起到抗诱变作用。

2. 抗衰老作用

黑色素能参与大多数自由基反应，消除体内自由基，黑色素与生物体产生自由基有关。在正常生理状态下，自由基的产生和清除维持在一定的浓度，达到一种平衡，当这种平衡被打破，机体就会出现某些病症，或随年龄增长，体内清除自由基的各种酶类和非酶系统的防御功能随年龄的增长而衰减，人体内自由基积累过多，导致机体出现一系列衰老现象。黑色素聚合物亚基的醌式结构可以俘获自由基，清除过多的自由基，进而起到抑制细胞衰老、氧化的作用。对果蝇寿命的影响实验也表明：泰和乌鸡及其黑色素明显延长果蝇的平均寿命，提高性活力，延缓衰老。用酶组织化学方法观察老年小鼠经饲喂泰和乌鸡及其黑色素一个半月后的情况结果显示：肝、肠、肾多种酶的活性增强，提示泰和乌鸡及其黑色素具有促进机体代谢、维持内环境稳定、延缓衰老的作用。乌鸡黑色素还具有预防癌变与衰老、提高机体免疫力和调节内分泌等多种功能。

3. 抑制癌变基因的表达

有学者应用分子生物学的方法，从基因差异表达入手比较乌鸡与非乌鸡的基因表达情况，通过对差异片段的回收、再扩增、纯化，以及相应的克降、测序与序列分析，获得 2 个表达序列标签（EST），它们分别与鸡插入激活 *c-Ha-ras* 致癌基因和 *fra-2* 致癌基因同源，同源性均为 98%。根据测序结果设计特异性引物，利用 12 个随机采集的样本进行基因表达分析。结果表明，插入激活 *c-Ha-ras* 致癌基因具有非乌鸡表达特异性，差异片段 A36 在非乌鸡中特异表达，在泰和乌鸡中不表达。由上述结果可推断，有些致癌基因与黑色素相关，说明泰和乌鸡的黑色素可能通过抑制癌变基因的表达而预防癌变的发生。

4. 益气滋阴作用

以甲亢型阴虚大鼠肾组织 ATP 酶的活性为指标，泰和乌鸡能明显降低阴虚大鼠 ATP 酶的活性，具有滋阴泻火作用，而普通鸡无此作用。

5. 调节内分泌

以泰和乌鸡为基础的乌鸡白凤丸，可增加肝糖原、减轻肝损伤、降低转氨酶、抑制火症反应、减轻关节肿胀等。

6. 强壮作用

经常食用泰和乌鸡可提高生理功能，加强耐热、耐寒、耐疲劳、耐缺氧能力，提高免疫功能等，可用于治疗虚症，临床观察 251 例虚症患者，总有效率达 94.03%，显效率为 80.88%，对于气虚、血虚、脾虚、肾虚、气血俱虚、心肾及脾肾俱虚者，有较好疗效。同时，对于年老体衰，特别是性机能障碍及妇科诸证，尤为有效。

4.3.2　药效研究

随着我国制药业的不断发展及泰和乌鸡饲养数量的不断增长，目前国内已有 20 多家大型制药企业生产乌鸡白凤丸。而在乌鸡白凤丸复方中，又以泰和乌鸡为主，配伍人参、黄芪等加蜜炼制成丸剂，可补气生津、健身益智；配伍香附、川芎、当归、地黄等，则有补气养血，调经止痛之功效。

泰和乌鸡对人体具有滋补潜能，是药膳同源的上等佳品。据统计，泰和乌鸡除含有人体所需的 17 种氨基酸和铁、铜、锌等微量元素外，泰和乌鸡血液中所含有的 γ-球蛋白、血小板、血清酶类均比普通鸡高，对老人、儿童、产妇及体弱久病者的补益尤为显著。而且含有对生命活力有重要价值的锶和锗，这些成分是补气血、治虚损、加速细胞新陈代谢、促进健康长寿、延缓衰老的重要物质基础。泰和乌鸡还含有血液净化剂——DHA和EPA。泰和乌鸡用以入药，不仅有保健作用，还有治疗多种疾病的功效，尤其对保护肾脏有特殊的作用。因为泰和乌鸡可以使老化较早的肾脏保持婴儿般的活力。其特有的黑色素携带基因，是泰和乌鸡具有良好药用价值的秘密所在。黑色素除可增强自身免疫能力外，还可起到防癌、抑制艾滋病的功效，并且可以促进创伤愈合。正因为黑色素有如此大的功效，人们才对当今地球生物中唯一从皮肤到内脏，包括骨头、舌头、卵巢、睾丸都为黑色素所覆盖的泰和乌鸡兴趣大增。

4.4 小　结

前已述及，乌鸡在我国作为药用历史悠久，源远流长。根据中医理论，以乌鸡为基础配制而成的“乌鸡白凤补精”“乌鸡白凤丸”等，作为妇科用药享有一定声誉，行销多年不衰。泰和乌鸡作为药用、补品大有前途，深入研究泰和乌鸡的滋补药效成分和药用机理，并利用泰和乌鸡的药用价值和营养价值开发系列产品具有深远意义。

参考文献

陈晓东, 陈芳有. 2013. 泰和乌鸡中微量元素分析. 家禽科学, (11): 36-38.
辜清, 白晓春. 2000. 饲喂泰和乌鸡及其黑素对小鼠肝、肠、肾酶组织化学活性的影响. 中国组织化学与细胞化学杂志, 9(1): 89-92.
徐幸莲, 陈伯祥, 庄苏, 等. 2000. 乌鸡对延缓果蝇衰老作用的研究. 食品科学, 21(12): 134-136.
袁缨, 袁星, 白庆余. 1995. 乌鸡黑素抗诱变作用的初步研究. 中国中药杂志, 20(5): 301-303.
詹亚华. 1983. 李时珍对药用植物学的伟大贡献——纪念李时珍逝世390周年. 植物科学学报, (2): 183-189.
周庆华, 李思光. 1999. 泰和乌鸡肌肉氨基酸营养价值的研究. 氨基酸和生物资源, (3): 41-43.

第 5 章　泰和乌鸡精深加工

泰和乌鸡是泰和县这块水土孕育的神奇瑰宝，集观赏、药用、食用三大价值于一体，拥有首批国家级畜禽保护品种、全国首例活体原产地域保护产品、中国农产品地理标志产品、中国地理标志产品、中国驰名商标、江西省著名商标等多块“金字招牌”，2017 年荣获全国 100 个（排名 59）“2017 最受消费者喜爱的中国农产品区域公用品牌”之一。本章节旨在介绍泰和乌鸡精深加工系列产品开发、泰和乌鸡加工产品的市场前景、泰和乌鸡精深加工的发展趋势。

5.1　泰和乌鸡精深加工技术

5.1.1　泰和乌鸡食用产品及加工技术

1. 泰和乌鸡老母鸡汤制作方法

前期准备：泰和乌鸡老母鸡一只，矿泉水或纯净水适量，食用盐适量，煲汤砂锅一个。

第一步（净膛）：泰和乌鸡去毛去内脏洗净；

第二步（焯水）：先倒入自来水至砂锅内并烧开，再把泰和乌鸡放入砂锅内，去血水及杂质（建议 1 min 左右捞出）后，把水倒掉；

第三步（煲汤）：根据砂锅大小加入适量的矿泉水或纯净水，待水烧开后，再把泰和乌鸡放入砂锅内，转温火炖至 3 h 左右。

2. 泰和乌鸡罐头及加工工艺

泰和乌鸡肉味甘、性微温，具有温中益气、滋养五脏、补精、添髓固胎利产等广泛的医疗功能。乌鸡肉不仅肉味鲜美，可作珍馐美馔，而且可被视为妇科圣药，对治疗虚劳、消渴、滑泄下痢、崩中、带下，以及妇女不育症、月经不调、产后虚损，均有良效。但泰和乌鸡保鲜、运输成本较高，制约了泰和乌鸡销售市场的进一步拓展。因此，为了使国内外广大消费者随时随地品尝泰和乌鸡的美味，促进泰和乌鸡加工产业化发展，陈巧云和龚永平（2002）研制了泰和乌鸡罐头，该产品既有药膳食品的特点，又有罐头食品的优点，食用方便。

泰和乌鸡罐头加工工艺：原料验收→原料处理→装罐（↑加辅料）→排气（↑加汤）→封罐→杀菌→保温检验→成品。

（1）乌鸡处理：先将乌鸡闷死，用 70～80℃的热水浸烫，然后去毛及表面杂物（注意不能将鸡皮弄破），并用清水清洗鸡表面。采用三刀法，分别在鸡气管处、食囊处、鸡腹中切割，并挖取内脏清理杂物（注意不要弄破胆囊，以免带苦味）。鸡肫去内金及杂物，清洗后备用。清洗时必须将背骨处的血、肺及残留内脏洗掉，最后由专人负责用刀割去鸡的肛门，后用啤酒浸泡 1～2 min。

（2）配汤：用清水配制 2.2%的食盐水，煮沸后加入适量味精待用。

（3）装罐：采用 9124 罐型，整鸡 450 g（若质量不够用鸡肫调整）、党参 1 g、黄芩 1 g、枸杞子 5 g、桂圆 2 只、红枣 2 只，然后加热汤调整净重至 800 g。

（4）排气：加热使罐头中心温度达到 80～85℃。

（5）封口杀菌：采用真空（53.3 Pa）封口，杀菌公式 15 min—70 min—15 min（升温时间—恒温时间—降温时间）/118℃（反压冷却）。

3. 真空包装泰和乌鸡及加工工艺

真空包装泰和乌鸡（图 5.1）加工工艺：原料验收→原料处理→腌制→烫漂→卤制→油炸→装袋→真空封口→杀菌→冷却→检验→成品。

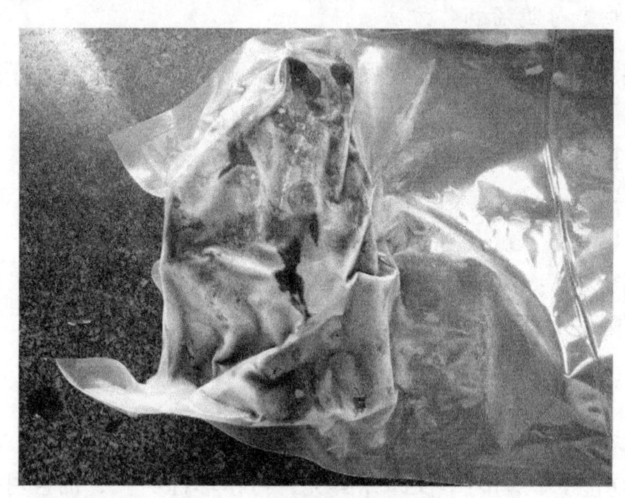

图 5.1　真空包装泰和乌鸡

（1）选料：选择质量在 500 g 左右的新鲜优质泰和乌鸡作为原料。

（2）宰杀：先将乌鸡闷死，用 70～80℃的热水浸烫，然后去毛及表面杂物（注意不能将鸡皮弄破），并用清水清洗鸡表面。采用三刀法，分别在鸡气管处、食囊处、鸡腹中切割，并挖取内脏清理杂物（注意不要弄破胆囊，以免带苦味）。

清洗时必须将背骨处的血、肺及残留内脏洗掉。

（3）腌制：将整理好的泰和乌鸡晾干至皮面无水分，然后进行腌制。用花椒盐敷擦于鸡体的表面和体腔内壁。注意肌肉较厚处多擦盐，用盐量为鸡重的 2.5%，在常温下腌制 3～4 h，腌制完成后用清水洗净沥干。

（4）烫漂：将腌制好的乌鸡放入沸水中烫漂 3～5 min，除去表面腥气。

（5）卤制：称取精盐 30 g、花椒 5 g、桂皮 2 g、味精 5 g、葱结 25 g、姜丝 15 g、陈皮 5 g、丁香 3 g、白胡椒粉 2 g，把它们破碎后用纱布包扎放入锅底。将处理好的乌鸡放入卤汤中并浸没整个鸡身。用旺火将卤汤烧至 95～98℃并冒小气泡，然后改用文火使温度保持在 70℃左右将其焖熟，3～4 h 后可熟透。

（6）油炸：将色拉油加热至 180℃，把鸡放入油中翻炸 2 min 左右即可捞起。油炸过程中，切忌弄破鸡皮造成次品。

（7）装袋：乌鸡放凉后，用 PET/AL/CPP 复合薄膜高温蒸煮袋进行封装。每袋一只，封口处不能沾染油污，否则会影响封口质量。

（8）真空封口：真空度 0.093 MPa，检查是否漏气。

（9）杀菌：杀菌公式 15 min—50 min—20 min/121℃，反压 0.09 MPa 冷却。蒸煮袋封口后应尽快杀菌，其间隔时间不得超过 0.5 h。杀菌过程必须以反压进行冷却，以保持杀菌过程中压力平衡，蒸煮袋不变形破裂。

（10）冷却：杀菌后迅速冷却至 37℃以下，把袋子表面擦干，清点入库，平整码放。

（11）检验：37℃下保温一周后检查有无涨袋，若合格即为成品。

4. 速冻冰鲜泰和乌鸡

选用原种泰和乌鸡，按照饲养天数分为 90～120 天鸡、121～150 天育成鸡和 360 天老母鸡等级，经过全净膛后冷冻保存（图 5.2），便于运输贮藏，适合家用，且味道鲜美、肉质鲜嫩、油脂低、蛋白质含量高、富含黑色素，经过烹调后即可食用。

图 5.2　速冻冰鲜泰和乌鸡

5. 泰和乌鸡蛋

泰和乌鸡蛋（图 5.3）具有丰富的营养，且细腻润滑，清香爽口，对于妇女身体虚弱、产后贫血有较好的效果。

图 5.3 泰和乌鸡母鸡与鸡蛋

6. 泰和乌鸡精

泰和乌鸡精是以泰和乌鸡为原料和其他原辅料经过合理搭配制成的一款高品质、高营养的新型复合调味品。

7. 泰和乌鸡酱油

泰和乌鸡酱油是采用正宗泰和乌鸡为原料投入酱油土缸，随酱油一同发酵，利用原始的发酵和加工工艺让乌鸡彻底溶解在酱油中，酿造好的酱油口感柔和醇厚、鲜美，具有提鲜作用，使菜色更鲜美。

5.1.2 泰和乌鸡酒产品及加工技术

泰和乌鸡酒的加工工艺：原料处理→干燥→破碎→浸泡→分离→熟化。

（1）原料处理：先将乌鸡宰杀，用热水浸烫脱毛，去除内脏，保留心和肝，然后清洗干净。并将枸杞、茯苓、黄精、栀子、桂皮等中药材洗净。

（2）干燥、破碎：把洗净的乌鸡和中药在不高于 85℃条件下真空干燥，然后破碎。

（3）浸泡：用 45° 以上的曲酒于室温下浸泡破碎后的各种原料至少三个月。

（4）分离：浸泡完成后蒸馏分离，渣弃去，收取酒提取液。

（5）熟化：将分离所得的酒提取液装入容器内，封口密闭后置于阴凉处至少一个月，让其自然熟化，熟化后的酒提取液即为泰和乌鸡酒。

5.1.3　泰和乌鸡药用产品及加工技术

1. 乌鸡白凤丸

乌鸡白凤丸的加工原料有：乌鸡（去毛、爪、肠）、丹参、地黄、醋香附、人参、白芍、煅牡蛎、鹿角霜、银柴胡、甘草、黄芪、醋鳖甲。乌鸡白凤丸的加工工艺是将乌鸡切成碎块，加水煎煮 1 h，趁热加石蜡，搅拌使其熔化，放置过夜，弃去上层石蜡及油脂固体，打成匀浆，加入木瓜蛋白酶搅拌，调节 pH 至 6～7，50℃水解 5 h 后，煮沸 5 min，离心，上清液减压浓缩成稠膏，备用；丹参加 70%乙醇浸泡过夜，加热回流两次，每次 30 min，合并提取液，离心，上清液回收乙醇并浓缩成相对密度为 1.30～1.35 的稠膏，备用；药渣与其余十味中药加水煎煮 3 次，第一次 3 h，第二次 2 h，第三次 1 h，合并煎液，滤过，滤液浓缩成相对密度为 1.30～1.35 的稠膏，与上述稠膏合并，真空干燥，粉碎成细粉，过筛，混匀，装入胶囊，即得。

2. 复方乌鸡口服液

“复方乌鸡口服液”属中药 4 类新药，是把“乌鸡白凤丸”通过制剂改革，改为口服液，以达到用量小、味可口、吸收快、起效快、疗效高的目的。有研究根据中医的理论和传统的方法，结合现代科学研究技术，制定以下制备工艺：

（1）将活鸡宰杀，去毛、爪、肠后，用稀酸水解成氨基酸（含有 17 种氨基酸），以适合人体的需要。

（2）将当归、熟地、白芍、丹皮、五味子、白术用醇渗漉，提出其醇溶性的有效成分，如生物碱、挥发油、醇类、维生素。

（3）山药、茯苓、党参、黄芪这些补气药用水提出水溶性的成分，如胆碱、氨基酸、B 族维生素（如叶酸）等。

通过以上的步骤，将中药材中的有效成分提取出来，同时又除去了与治疗作用无关的纤维素、鞣质、糖、植物蛋白质等，将上述三部分混合，加上辅料，即成为口服液。

3. 十二乌鸡白凤丸

十二乌鸡白凤丸是以泰和乌鸡、熟地黄、黄芪、党参、白术、茯苓、山药、当归、白芍、牡丹皮、川芎、五味子（酒制）为原料制成，可清虚热，补气血，用于妇女体瘦，月经量少、后错，手足心热，白带量多等。

5.2　泰和乌鸡系列产品市场分析

泰和乌鸡在泰和县有着悠久的历史，泰和人民世世代代为其生存、发展做出了不懈的努力。1986 年，国家科学技术委员会将“泰和乌鸡及综合技术开发”正式列入国家星火计划。1989 年以后，泰和县抓住被列为赣中南农业综合开发基地县这一契机，在乌鸡繁育、饲养、加工、销售等关键环节上，实行综合立项开发，走出了一条农业产业化的路子。一大批乌鸡加工企业应运而生，到 1998 年发展到 10 家，形成了 6 大系列 30 多个品种，年加工消化乌鸡 400 多万羽，年产值 1 亿多元，成为泰和县与粮食业并重的农业支柱产业。然而，2001 年以后，受泰和乌鸡价格持续低迷的影响，泰和乌鸡产业的发展遭受了前所未有的冲击，饲养量骤然下降。近年来，泰和县致力于发挥泰和乌鸡资源优势，激发乌鸡产业发展新动能，为将泰和乌鸡品牌优势转化为产品、产业和发展优势，泰和县以泰和乌鸡品牌建设为抓手，通过加大政策、资源、资金、技术等方面的引导与扶持，产业发展已取得初步成效。根据报道，2016 年，泰和县建有国家级资源保种场 1 家、一级扩繁场 2 家，标准化泰和乌鸡养殖场 17 个，泰和乌鸡养殖大户 140 家，家庭农场 43 个，泰和乌鸡专业合作社 7 个，入社社员 0.33 万户；泰和乌鸡种鸡养殖规模达 35 万羽左右，泰和乌鸡饲养量达 1700 多万羽，出栏量达 1280 多万羽，销售泰和乌鸡礼品盒装鲜蛋 2000 万枚以上，泰和乌鸡产业实现产值 6.5 亿元，产品涵盖养殖、饲料加工、食品加工、医药、保健食品、酒类生产等行业。然而，由于缺乏大型龙头企业带动，泰和乌鸡产品的科技含量不高、附加值低、销售系统不完善，制约了销售市场的进一步拓展；此外，企业投入不足、产品科技含量不高、市场开发不力，使泰和乌鸡的加工转化一直停滞不前，无法带动整个乌鸡产业的发展。因此，要重振乌鸡雄风，做大做强乌鸡产业，必须加大泰和乌鸡产品科技创新，改进传统生产加工技术，研究开发适宜乌鸡新产品的精深加工技术，从而带动龙头企业的发展，促进泰和乌鸡产业的振兴。

5.2.1　泰和乌鸡系列产品的市场价值

1. 泰和乌鸡的食用价值

泰和乌鸡营养丰富、肉质细嫩、鲜味浓郁，深受消费者青睐。泰和乌鸡在营养成分、生理功能等方面均独具特色，乌鸡的乌皮、乌骨、乌肉经过烹饪后肉汁细嫩鲜美，汤汁内含有黑色素，对人体具有特殊的滋补作用，乌鸡蛋也有很高的营养价值。乌鸡肌肉和内脏中含有丰富的蛋白质、维生素、矿物质、血糖、血钙等营养成分，其氨基酸种类齐全，必需氨基酸含量高，是配制营养补品较为理想的材料。在本书第 2 章详细论述了泰和乌鸡的营养价值，并与普通肉鸡进行了对比分析，结果表明：泰和乌鸡各营养成分丰富，具有高蛋白、低脂肪的特性，并含有丰富的黑色素、蛋白质、B 族维生素和人体所需的 17 种氨基酸，多种矿物质元素，符合现代人追求健康饮食的要求，是上乘的滋补佳品。

2. 泰和乌鸡的药用价值

泰和乌鸡是我国传统的药用补益鸡种，它不仅营养丰富，而且具有很好的滋补和药用价值。泰和乌鸡在我国作为药用历史悠久，源远流长，它的药用食疗功效通过古代医书代代相传，并在实践中不断得到验证，因此声名远播。《本草纲目》记载："乌鸡，甘、平、无毒，补虚羸弱，益产妇，治女人崩中带下。"现代医学研究也发现，乌鸡具有增加人体血细胞和血红素的功能，还有抗疲劳、抗衰老、增强免疫力、益气滋阴等作用。

3. 泰和乌鸡的观赏价值

泰和乌鸡，体态娇小玲珑，外貌奇异俊俏，眼乌舌黑，紫冠绿耳，五爪毛脚，头顶凤冠，嘴下生须，通体洁白如雪，羽毛绢亮如丝，被誉为观赏珍禽。在 1915 年，泰和乌鸡荣膺"巴拿马国际贸易博览会金奖"，并被命名为"世界观赏鸡"，一时蜚声世界，誉满全球。现在日本等国家一些大中城市的许多动物园都养有此鸡供游客观赏。随着人类更高的娱乐追求，泰和乌鸡将会以其天然的外貌、别致的外观作为观赏珍禽，走向越来越多的家庭和娱乐场所。

5.2.2　泰和乌鸡系列产品的市场前景

由于泰和乌鸡生长期长、个体小，在低端消费市场不占优势，但作为药用、营养保健品则大有前途。因此，开发泰和乌鸡深加工产品，提高产品的科技含量，改进加工工艺流程对泰和乌鸡产业的发展具有深远的意义。

在食用产品方面，目前已投放市场的泰和乌鸡系列产品，如泰和乌鸡酒、乌鸡精、乌鸡酱油等副产品不仅美味且营养价值丰富。作为地理标志农产品，泰和乌鸡加工产品独具特色，对比其他产品有一定的辨识度，符合现代人追求营养健康的饮食要求，更易吸引消费者，因此，泰和乌鸡食用产品具有很大的市场潜力和发展前景。

在药用方面，以泰和乌鸡为主要原料配制而成的"乌鸡白凤丸""复方乌鸡口服液"等，作为妇科用药享有良好声誉，行销多年不衰。必须保证泰和乌鸡的优良品质，疗效才稳定可靠；必须采取适宜的指标控制药材质量，疗效才显著。"乌鸡白凤丸"，为《中华人民共和国药典》收载的处方，具有强力补气养血，益气生津、疏肝益肾健脾、滋阴润颜，清虚热等功效，其中对女性的调理作用尤为明显。从药用价值角度，乌鸡白凤丸等泰和乌鸡系列产品也有相当广阔的市场潜力。乌鸡白凤丸的药用功效已被科学研究和市场实践证明。

由于乌鸡白凤丸具有体积大，患者不便服用等缺点，因此，将乌鸡白凤丸改良成复方乌鸡口服液，相关研究人员将复方乌鸡口服液经成分分析，发现其有效成分优于丸剂，并能保持稳定的药效。药理药效实验表明：复方乌鸡口服液在抗"阴虚"，抑制疼痛，加强子宫收缩和加速血浆复钙时的作用明显优于乌鸡白凤丸。因此，在继承和保存传统医学的基础上，要更加深入地探讨乌鸡的滋补药效成分及其药用机理，不断地开发研制泰和乌鸡系列药用新产品，积极推动泰和乌鸡药用产品产业化发展。

5.2.3 泰和乌鸡网络销售潜力巨大

泰和乌鸡销售除了传统的市场销售外，同时顺应"互联网+"发展趋势，积极引进电商服务平台，如利用京东商城、天猫商城、邮乐网、优选网等电商平台进行销售，通过线上推广、线下供货等形式，为泰和乌鸡产品走向市场开辟了一条直营通道。这样不仅解决了一些消费者苦于买不到正宗泰和乌鸡的问题，实现活鸡的冷鲜销售，满足消费者对传统美味及营养的追求，还可以为养殖户打通一条销售渠道，自己当老板，全程监控。一些比较大的厂商和养殖户，可以制作一个泰和乌鸡产品推广网站，突出产品优势和品牌形象，同时可以采用二维码扫描等现代化技术，鉴别乌鸡真伪，推介乌鸡促销政策等。据统计，2016 年泰和乌鸡产品电商达 78 家，网络销售额达 6000 多万元。因此，可利用线上销售平台，发挥网络销售方式的便捷、推广面广的优势，开辟出泰和乌鸡产品更为广阔的市场。

5.3 泰和乌鸡精深加工发展趋势

5.3.1 提高加工水平，生产高附加值产品

虽然泰和乌鸡系列产品种类繁多，但是目前市场上占据主导地位的仍然是一些低附加值的产品，以老母鸡、鲜冰冻鸡、泰和乌鸡肉、鲜蛋礼品盒为主，不利于长途运输和长期保鲜，极大地影响了产品的销售。而且传统加工工艺大多比较落后，有些生产企业规模小，难以适应现代工业化加工及消费发展需求，应用现代技术对产品加工工艺进行改进，成为发展的必然要求。发展泰和乌鸡深加工有利于提高泰和乌鸡的附加值，据有关资料显示，经过精深加工的乌鸡产品的售价远高于粗加工产品的售价。泰和乌鸡精、泰和乌鸡酱油等深加工产业的发展，可

为养殖专业户提供乌鸡销售的渠道，有利于解决“卖鸡难”问题。泰和乌鸡产业化发展的当务之急是通过科技创新，不断丰富深加工产品的种类，深度挖掘泰和乌鸡的营养、保健和药用价值，将产品做精做细。未来，应当向下游延伸泰和乌鸡产业链，加大科技投入，引进先进设备，采用高新技术手段和高技术含量的生产工艺，扩大生产能力，提高精深加工水平，传统技艺与现代技术有机结合，生产出高附加值产品。

5.3.2　专业化、组织化

随着泰和乌鸡产业化的发展，高度专业化的技术人员是发展泰和乌鸡加工产业必不可少的支撑要素。一方面，泰和乌鸡产品加工企业要实现大发展，必须重视对专业技术人员的培训，提升专业技能，达到提高企业核心竞争力的目标，促进产业发展。另一方面，要发展专业化合作组织，提高饲养户组织化程度，并加强养殖户与生产企业对泰和乌鸡及系列产品的品牌保护意识，切实维护“泰和乌鸡”商标的使用权，走“科研、培育、生产”一体化的路子，统一原料供应、统一技术服务、统一质量标准、统一品牌销售。

5.3.3　产业规模化，标准化

“泰和乌鸡”虽然注册了商标，但尚未建立质量标准体系。市场上销售的泰和乌鸡真假难辨，也无法打假，鱼目混珠，影响了消费者的消费预期。产业呼唤标准，标准引领产业，标准化是泰和乌鸡产业发展的推动力量，规模化、标准化加工应当成为未来泰和乌鸡精深加工的主体模式。目前，泰和乌鸡精深加工仍然存在着规模小、设备技术落后等短板。然而产品质量安全是企业生存发展的生命线，在规模以上的泰和乌鸡产品加工企业中全面推行危害分析和关键控制点（HACCP）体系认证，建立完善的质量监控体系，层层把关严格管理，确保产品的质量安全。

5.4　小　　结

泰和乌鸡作为药用、营养保健品大有前途，但由于投入不足，产品科技含量不高，市场开发不力等原因，泰和乌鸡的加工转化一直停滞不前，无法带动整个乌鸡产业的发展。因此，开发高附加值泰和乌鸡营养保健、药用等新的系列产品，带动泰和乌鸡及其他衍生产品的消费，从而促进整个泰和乌鸡产业链的振兴具有重要意义。

参考文献

北京正大绿洲医药科技有限公司. 2008. 乌鸡白凤滴丸及其制备方法. CN 100427073C.
陈巧云, 龚永平. 2002. 泰和乌鸡罐头的生产工艺. 农学学报, (2): 24.
范玉庆, 罗嗣红. 2017. 发挥泰和乌鸡资源优势 激发产业发展新动能. 江西农业, (24): 36-38.
范玉庆, 薛文佐. 2015. 对泰和乌鸡产业的调查与思考. 江西畜牧兽医杂志, (3): 19-20.
寒勋衔, 曾文丽. 1993. 复方乌鸡口服液的制剂研究. 江西中医药, (4): 51.
贺淹才. 2003. 我国的乌骨鸡与中国泰和鸡及其药用价值. 中国农业科技导报, 5(1): 64-66.
胡桂莲, 范玉庆. 2002. 重振乌鸡雄风 培强支柱产业——关于我县泰和乌鸡生产现状的调查. 江西畜牧兽医杂志, (6): 9-11.
黄诗铿. 1999. 发展禽肉深加工是家禽业发展的必然趋势. 中国农业信息, (23): 15.
黄文, 王益, 张昌奎. 2002. 白羽乌鸡真空软包装加工工艺研究. 畜禽业, (4): 38.
李发荣, 杨道品, 王一初. 1998. 乌鸡酒生产工艺. CN 1038769C.
陆路, 金振涛. 2010. 乌鸡精、乌鸡肽和乌鸡汤蛋白质含量及相对分子质量分布的比较. 食品与发酵工业, (2): 155-157.
尚柯, 米思, 李侠, 等. 2017. 泰和乌鸡、杂交乌鸡与市售白羽肉鸡的营养成分比较研究. 肉类研究, (12):11-16.
尚柯, 米思, 李侠, 等. 2018. 泰和乌鸡蛋品质及营养成分分析. 食品工业, 39(6): 223-226.
尚柯, 米思, 李侠, 等. 2018. 泰和乌鸡蛋与普通鸡蛋维生素含量差异分析. 食品科技, 43(2): 120-123.

第6章　泰和乌鸡（蛋）保种溯源监管系统设计与应用

1874年，泰和乌鸡被确认为国际标准畜禽品种并被列为世界珍禽。全县建设有国家级资源保种场1家、一级扩繁场2家，标准化养殖场17个，深加工产品涵盖酿酒、制药、食品加工等行业，产业发展取得明显成效，产业格局已初步形成。但是，目前也面临基础设施较弱、种质资源流失、规范化养殖缺乏、监管机制缺位、品牌形象模糊、流通渠道不畅等诸多问题。

可追溯体系最早应用于汽车等工业品的产品召回制度，随着畜禽产品安全问题的爆发及相关质量体系不能覆盖全供应链，可追溯体系被引入畜禽产品的生产、加工和销售环节。可追溯体系对于构建食品安全体系、种质资源保护、提高消费者信心、树立品牌形象等具有重要作用。国内外农产品及食品的溯源体系从20世纪90年代开始经历了三个阶段发展，从2010年至今，利用新兴物联网技术开发的追溯系统在畜禽与蔬菜、水产品、种植产品方面都有了广泛的应用与研究。按照《地理标志产品 泰和乌鸡》的国家标准，要确保泰和乌鸡种质资源保护的长期性、持续性、公益性，需要建立保种溯源监管系统来严格履行泰和乌鸡种质资源保护责任，进而保证泰和乌鸡品种选育质量和工作的连续性，提升现有泰和乌鸡原种场和商品场的规范管理水平，落实“统一供种、分散饲养”的保护原则。通过保种溯源监管系统的建立，对泰和乌鸡品种质量进行实时检测和监控，可以更好地实现泰和乌鸡种源保护，优化产业布局，推行标准化规模养殖，强化市场监管，促进泰和乌鸡产业健康发展。

6.1　产业现状

6.1.1　养殖规模与类型

泰和乌鸡获得国家“原产地域产品保护证书”后，泰和县围绕乌鸡全面推进产业集聚，形成了养殖生产—屠宰加工—乌鸡食品深加工的特色产业链，被江西省工业和信息化委员会授予“江西省泰和乌鸡食品产业基地”称号。截至2017年，已落户相关食品企业61户，其中规模以上企业21户，主营业务收入达55.1

亿元。在以泰和县为中心的半径 40 km 内，分布有 106 户养殖企业及专业养殖户，全年乌鸡出栏量 200 万羽以上，全年乌鸡蛋产量 2400 万枚以上（图 6.1）。这些养殖户主要还是采用自行购药、自行购料、自行销售的小农经济模式，距离“统一供药、统一供料、统一供雏、统一防疫、统一销售”的模式还有较大差距，这对于种源的保护和疫情的防护控制都有较大的潜在风险。

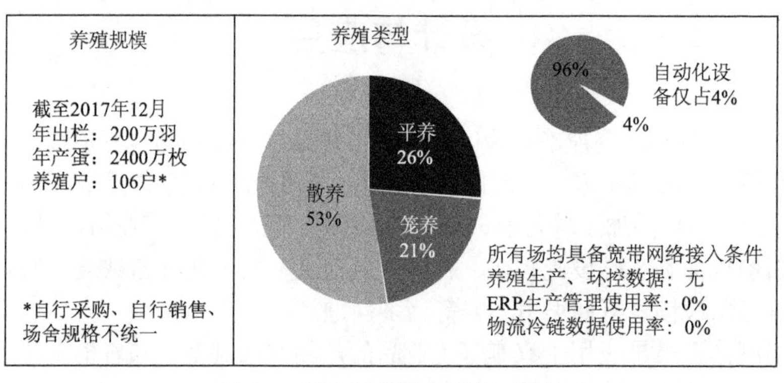

图 6.1 泰和乌鸡养殖规模与类型

在泰和乌鸡的原种场和商品场养殖技术上，由于长期以来是以散养为主、规模化养殖为辅，且规模化养殖多为蛋鸡，造成标准化、自动化的养殖短板，大多还停留在人养、人管、人控制的初级阶段，这其中自然是有如投资规模小、鸡舍建设标准低、生产人员应用水平低等问题，但更为重要的是缺乏一套切实能够付诸应用的现代化养殖理论体系及相应配套的硬件、软件系统来进行引导。

养殖作为整个禽类食品产业链的最前端，一直是整个产业链中最为重要的一环，由于养殖业本身的特性使然，特别是泰和乌鸡作为一种地方特色鸡种，其生长特性与白羽肉鸡有一定的差别，也为乌鸡原种场、养殖场的标准化建设、生产管理及自动化生产带来了诸多的困扰。如何实现养殖场的标准化管理，尽可能减少人为因素对养殖生产过程的干扰，成为整个产业链能力全面提升的关键因素，同时也对保障食品安全、提供健康鸡肉食品有着非常重要、积极的意义。

6.1.2 深加工现状

在加工方面，泰和乌鸡相关产品的加工量仅为出栏量的 10%左右，大部分均是以活禽方式进行销售，蛋品则主要以包装鲜蛋销售，且没有规范的冷链物流运输体系保证，不利于长途销售和保鲜。长期以来销售范围局限在东南沿海区域和江浙一带，销售规模难以进一步扩大。虽然有部分进入酒类、保健品、药品等行业，但其产业发展能力及科技研发能力投入不足，难以形成以点带面的良好循环。消费者对泰和乌鸡的品牌虽然有一定的认知度，但对于如何鉴别真伪及正宗性、原产性、生态性还缺乏认知及手段，没有办法体现泰和乌鸡的唯一性和排他性价值。

6.1.3　泰和乌鸡及相关产品网络销售情况

网络销售面向全国范围，且相对于线下销售来说各地域的销售成本相对均衡，没有线下销售的房租、人工等区域差异较大的成本影响，可比较全面、客观地展现商品的市场情况。本书着眼点于产品追溯本身，从销售源头、产品类型、泰和乌鸡品种控制等几个方面，对淘宝平台的泰和乌鸡产品做了部分调研。

1. 泰和乌鸡

搜索“泰和乌鸡”关键词，并根据淘宝规则综合排序选出具有代表性的商品。从搜索结果来看，主要存在几个问题：①销售店铺分布在十多个城市：根据《地理标志产品　泰和乌鸡》（GB/T 21004—2007）标准，泰和乌鸡活禽应该是限定于泰和县境内的，其他地域销售的不能称作“泰和乌鸡”；②销售单价差异太大：根据商品页面展示结果看（包含商品详情页内根据商品参数实际选择的价格对比），最高的销售价为 198.8 元/斤，最低的销售价为 38.8 元/斤；③假冒泰和乌鸡销售：或者说非原种当成原种销售，所配置图片也不符合“绿耳、胡须、毛脚”的泰和乌鸡标准。

2. 泰和乌鸡蛋

搜索“泰和乌鸡蛋”关键词，并根据淘宝规则综合排序选出具有代表性的商品。从搜索结果来看，单枚泰和乌鸡蛋（图 6.2）最高单价为 6.6 元/枚，最低单价为 2.0 元/枚，平均单价为 3.94 元/枚，最高价差达 4.6 元/枚。因为品牌因素的影响，出产于泰和汪陂途禽业有限公司的乌鸡蛋有品牌溢价，以 5.2 元/枚的次高价从销量上排位第一，说明高端消费群体比较看重“泰和乌鸡食品旗舰店”这种具有权威性的店铺。在消费者没有明确的办法分辨乌鸡蛋真伪时，选择此类原产地店铺是理性的消费行为。

图 6.2　泰和乌鸡蛋（电商）

3. 泰和乌鸡种苗

搜索“泰和乌鸡种苗”关键词，根据淘宝规则综合排序选出具有代表性的商品。深圳、广州、莆田、连云港、南宁、宿迁、贵阳、徐州、武汉、枣庄、衡阳、宁波、宜宾、济宁、上海、金华等二十余个城市的经销商，皆称自己为“原种泰和乌鸡”，范围几乎遍布全国，按照国家标准的定义，其均不能称为“泰和乌鸡”，但其销量依旧可观。

由此，建立涵盖全产业链的产品质量追溯监管系统，将泰和乌鸡（蛋）、泰和乌鸡原种进行持续检测和监控，对于泰和乌鸡产品防伪鉴别、品牌确立，促进其产业的良性发展具有重要作用和意义。

6.2 系统设计

6.2.1 系统设计目标

本系统设计目标是以大数据平台和物联网技术为基础，建立一套技术先进、功能完备、操作灵活、界面友好易用、系统强健稳定的保种溯源和质量追溯平台。综合起来应达到如下目标：①确定产品的来历或来源；②便于产品的撤回或召回；③能识别问题产品相关的责任组织；④可以验证乌鸡产品的特定信息；⑤可使追溯系统的参与方、利益相关方便捷沟通信息；⑥能提高乌鸡产业链的组织效率、生产力和盈利能力。

6.2.2 系统整体框架

通过系统的需求分析，本系统实现的是一个基于大数据平台和物联网标签的种源及产品追溯系统，主要包括数据集成、数据处理和在线应用三部分。Hadoop平台是数据的存储和处理核心，然后通过Web端和Android客户端实现在线应用。系统的用户群体主要分为消费者、监管单位、企业用户，消费者主要进行产品追溯相关的查询操作，通过手机APP和Web浏览器访问系统，实现相应的功能。监管单位通过Web浏览器和手机APP对系统进行管理和监控。企业用户通过Web浏览器实现对物联网设备的管理及溯源码的申请。通信服务器分为Web端的服务器和手机客户端的服务器，客户端和Web端通过通信服务器操作后台数据，通信服务器保证两种终端获取数据的一致性，食品追溯的相关数据存储在Hadoop云平台上。整个系统主要分为三个部分：数据采集层、数据处理层和数据展示层，如图6.3所示。

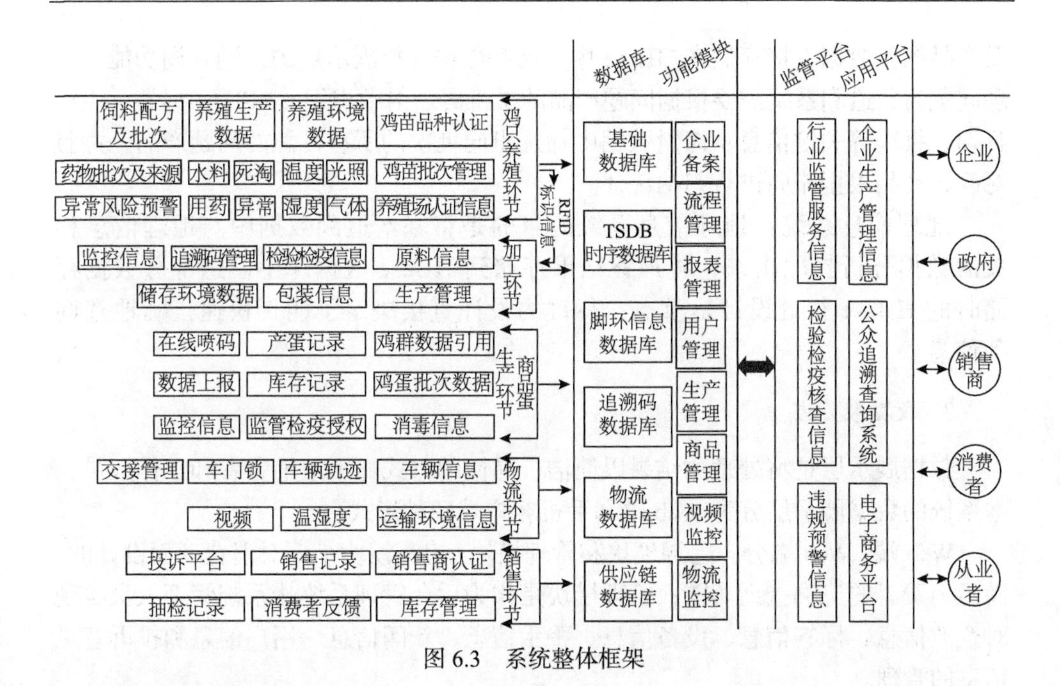

图 6.3 系统整体框架

1. 数据采集层

由于泰和乌鸡养殖场景、监控层级、销售方式的特殊性，其产生的追溯数据是存储在多个企业的服务器上的，要实现基于云平台的追溯系统首先需要将各企业的追溯数据收集到云平台上，因此系统需要使用日志聚合系统将分散的数据收集到云平台上。本系统采用 Flume 日志聚合系统实现数据的采集，Flume 将多个客户机的数据采集到中心服务层，然后再将采集到中心服务层的数据存储到 Hadoop 分布式文件系统（HDFS）中。Flume 是一个海量日志聚合系统，具有分布式、可靠和高可用的特性，支持定制各类数据发送方收集数据，可以进行简单的数据处理，并可以将数据写到各种数据接收方。

2. 数据处理层

数据采集到 Hadoop 云平台并存储在 HDFS 中，根据系统需求通过 MapReduce 计算模型进行数据处理，将部分处理结果保存到 HBase 中。数据处理的核心是 MapReduce 的并行计算，本系统需要实现问题产品及种源定向的追溯功能，同时系统还集成了地理信息系统。追溯系统的展示层属于在线应用，而 HBase 可以在存储海量数据的同时根据行键完成毫秒级的查询，因此将在线应用需要的部分数据经过 MapReduce 处理后存储到 HBase 中是合理可行的。

追溯：原始采集来的数据通过 MapReduce 进行数据清洗，除去其中不规范、不完整的数据，将结果存储到 HBase 中作为追溯查询的基本追溯数据，质检报告及产品图像数据直接存储在 HBase 中，这些数据支持展示层的追溯查询功能。出现问题时，追溯系统需要根据问题产品的二维码、射频识别（RFID）标签、生产日期、批次等关键信息从海量数据中筛选出同批次的所有可能的问题产品，并且对问题产品根据流向进行归纳统计。

地理信息系统：地理信息系统的目的是将基本追溯数据中与地理信息相关的数据分析提取出来，将最终结果存储到 HBase 数据库中。这部分数据存储时的 HBase 行键设计是重点，行键的设计直接决定了能否快速正确地查询到信息。

3. 数据展示层

数据展示层是将处理的结果以简洁、易懂的方式显示给消费者和工作人员，本系统的数据展示层分为 Web 端和手机客户端两种形式。

Web 端：Web 端分为追溯模块和管理模块，追溯模块是面对消费者而设计的，满足消费者的追溯查询功能；管理模块是作为后台管理系统让系统管理人员实现对企业信息、标签信息、设备信息、警示信息、新闻信息、用户信息和投诉意见信息的管理。

手机客户端：分别设计 Android 客户端和 IOS 客户端，灵活的信息获取方式极大地增强了追溯系统的实用性，方便广大消费者在购买商品的同时就可以实现追溯信息的查询。消费者客户端直接集成进入微信 APP 内，可实现追溯查询、扫码查询、附近销售点查询和投诉建议功能。管理客户端使用独立开发的 APP 程序，可实现授权管理、实时跟踪查询、人员管理及任务流转、审批等功能。

综上所述，Hadoop 目前的发展比较成熟，整个 Hadoop 生态系统也比较完善。Hadoop 庞大的生态系统可以轻松应对食品追溯系统面临的海量数据的数据存储及数据处理问题。Web 端和手机客户端都是广大用户群体触手可及的，因此本系统从底层处理平台到上层应用的技术方案是切实可行的。

6.2.3 数据库分析

本系统用到两种类型的数据库：HBase 非关系型数据库和 MySql 关系型数据库。HBase 数据库更适合存储大数据量且结构化不明显的数据，MySql 数据库更适合存储结构化、数据之间关系复杂的数据。

系统中的数据主要涉及两部分，一部分是追溯相关数据，这部分数据主要包括基本追溯信息数据、图片数据和经过数据分析后的地理信息数据。追溯数据是系统中最重要的数据，也是海量的追溯数据的直接展现形式，因此采用 HBase 存储更利于后面系统长期的数据积累。图像数据单张图片的大小一般不会超过

1MB，1MB 以下的非结构化数据适合 HBase 的存储特性。地理信息数据和环境设备产生的 TSDB 时序数据在查询时对查询的效率要求比较高，这里采用 HBase 存储，在查询时能够快速检索到信息。系统中另外一部分数据主要是系统中的用户信息、企业信息、新闻信息、权限信息、投诉建议信息等，这部分数据结构化明显，关系密切，数据量也相对较小，此部分数据采用 MySql 数据库存储较为合理。

根据上面的分析可知，食品追溯相关数据用 HBase 存储，管理系统的企业、用户等数据用 MySql 存储。Hadoop 平台主要实现食品追溯系统的数据集成、数据清洗和数据处理的工作。

6.3 追 溯 流 程

在原种场场景（图 6.4）时，对于某一批种蛋监管平台依据种鸡生产性能及现场监控核实该种蛋来源，存入或调取种蛋数据库，为种蛋分配唯一识别二维码，

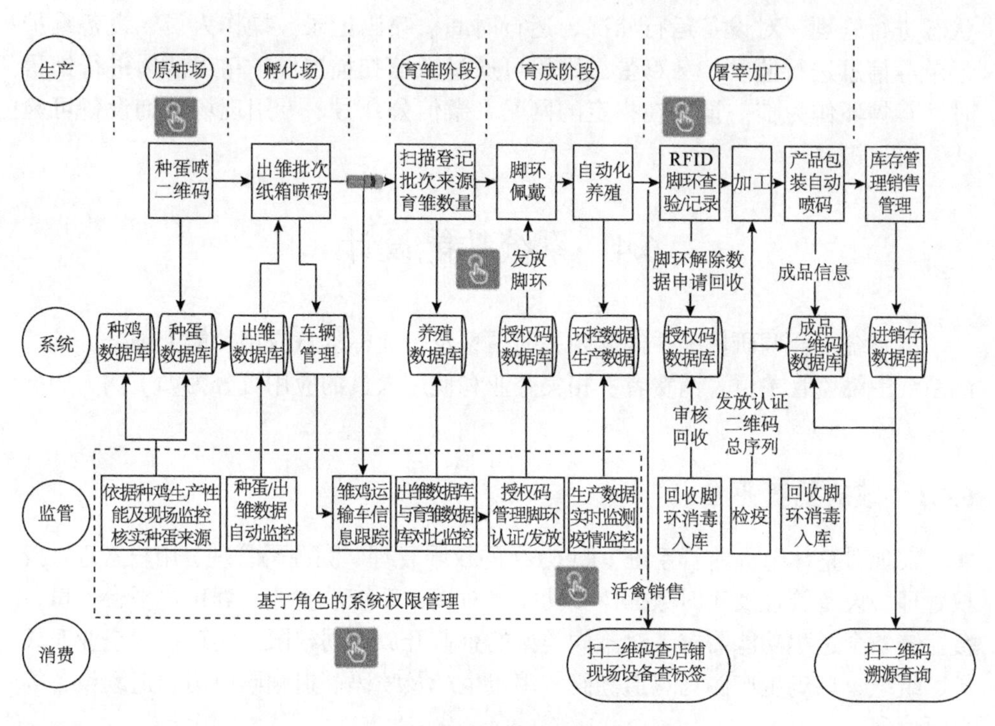

图 6.4　泰和乌鸡养殖规模与类型

此二维码具有10天时效性。到达孵化场场景时，出雏批次纸箱码也是由监管平台根据自动监控的出雏数据上传至出雏数据库，再自动生成唯一纸箱码授权给孵化场进行喷码，而且雏鸡运输车信息跟踪的GPS信号、温度、含氧量等数据上传至监管平台进行监控。达到育雏场景时，生产厂扫描登记批次来源于育雏数量，自动登入养殖数据库内，而且出雏数据库与育雏数据库能够自行对比监控。在育成场景时，由监管平台根据对比监控情况生成授权码再映射脚环认证并发放，同时授权码进入数据库，所生成的脚环发放至生产企业进行佩戴。随即，进入自动化养殖阶段，养殖环境的环控数据、生产数据由安装在自动化养殖栋内的传感器自动生成，上传至数据中心，监管平台与企业应用该平台能够实时监测生产数据并进行疫情监控。

育成阶段的蛋品管理对于规模化养殖场以批次为单位记录禽舍鸡蛋生产信息，记录包括批次信息、所属栏舍、母鸡生长信息、产蛋信息、产蛋数量等，以上信息由生产企业记录并录入系统，监管层面定期进行抽检。蛋品进入销售环节时，乌鸡蛋二维追溯码由生产企业进行申请，监管平台可以对状态查询、异常驳回批复、可用二维码状态、二维码存量预警等信息进行跟踪、维护；并对喷码设备状态进行管理，对设备运行状况、运行时间、喷码记录、操作人员、设备维护记录等信息进行监管。乌鸡蛋二维码可通过微信扫描追溯。乌鸡活体进行销售时，其脚环作为唯一记录在指定的网站、微信公众号、专用现场查询设备可验证，可追溯。

6.4　系统功能设计

本系统结合调研情况并依据相关的国家及行业标准从应用功能上细分，该追溯系统围绕监管单位、消费者、相关企业和使用人员的应用可分为如下四大服务平台（图6.5）。

6.4.1　政府监管平台

实现对整体追溯监管系统（图6.6）的权限管理、溯源码管理、用户管理、授权管理、设备管理及实时数据监测功能。对接入系统的企业、养殖户平台入口，覆盖链条全过程功能需求，对不同类型的企业开放不同权限，实现接入企业对人员、组织、乌鸡生产、乌鸡追溯码、鸡蛋生产及喷码、追溯码申请、追溯设备等全面管理。

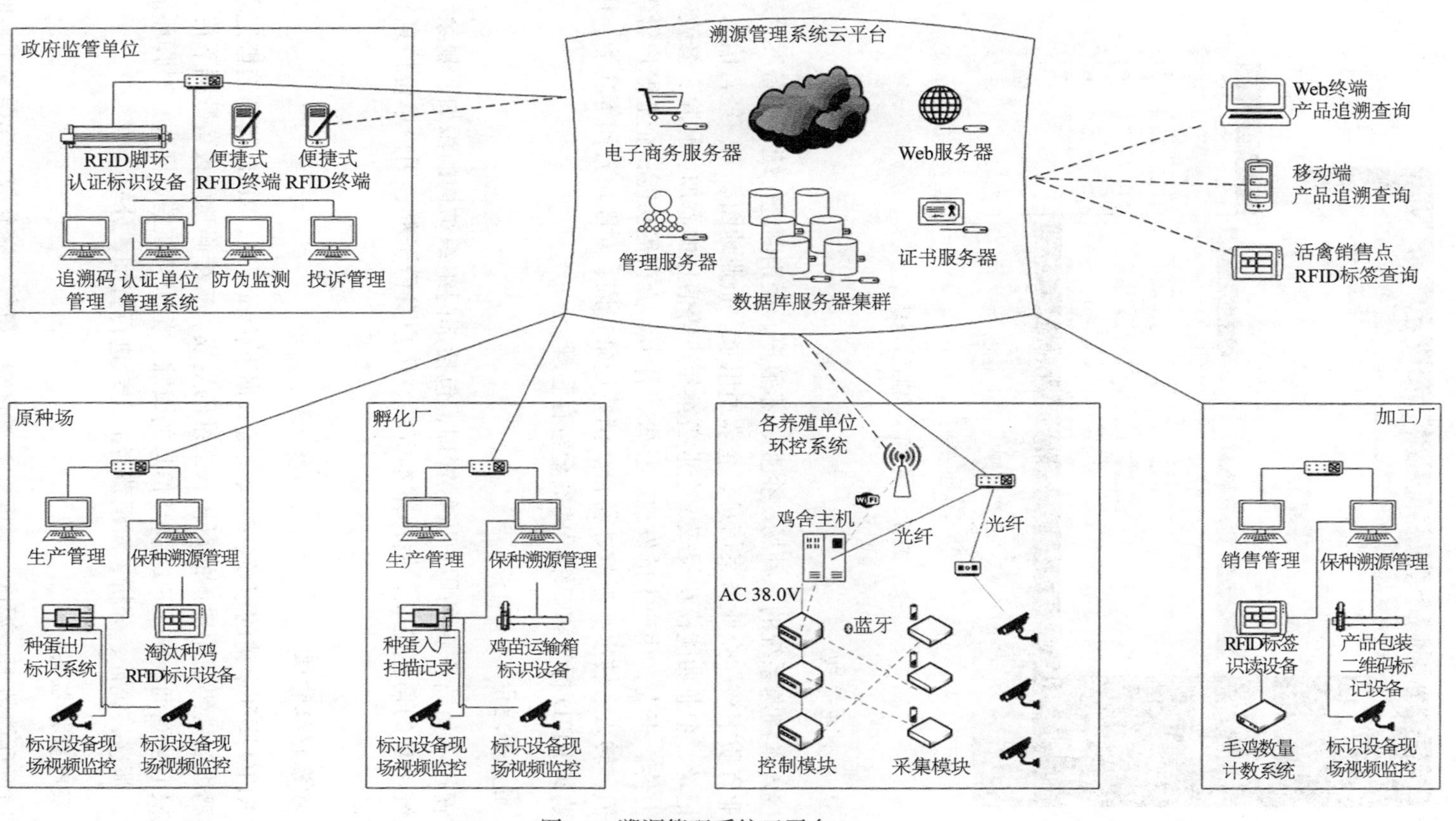

图6.5　溯源管理系统云平台

图 6.6　泰和乌鸡监管系统

1. 认证企业管理

对接入本溯源系统的原种场、企业、养殖户、经销商进行统一的备案管理，包括企业资质审核、企业备案信息、企业通讯录、企业地图、工商经营信息、企业违规记录、企业功能模块授权、企业备案年审等信息的添加、删除、修改、附件资料上传、查询；用户卡的发放、挂失、补卡、查询等功能；企业账户管理，包括充值、转入、转出、退款、科目、消费记录查询、对账单打印等功能，用于对企业购买 RFID 标签和二维码的资金暂存管理。

2. 用户管理中心

对使用本监管平台的用户进行管理，包括部门组织结构的添加、删除、修改，系统用户的角色定义，用户基本资料、用户身份资料、用户单位信息、联系方式。

3. 溯源授权管理

对 RFID 脚环申请的审核、授权设备数据下传和管理、RFID 脚环销售记录查询；对鸡蛋二维码使用申请的审核、二维码生成、二维码喷码设备数据下传、二维码授权记录查询；对 RFID 脚环信息的跟踪、记录、核销、回收，对脚环信息的查询、筛选、统计、分析，对消费者的记录进行查询、分析。

4. 实时数据监测

养殖场环境数据（温度、湿度、二氧化碳、氨气、硫化氢、光照等）实时监测；生产管理数据（饲料、用药、防疫消毒、孵化、蛋品）等涉及人工录入的生产数据实时监测；RFID 脚环动向实时跟踪（上笼、转群、放养、手持设备抽检、固定 RFID 阅读器数据等）。

5. 报表中心

按指定条件、时段、关键字等方式对各类数据进行综合检索查询，生成统计报表、统计图形，以便对生产管理和销售管理进行指导。

6. 权限管理

基于角色的用户权限管理，可对系统任一用户在指定功能模块中的任一操作权限（添加、删除、修改、查询）进行细粒度管理，并生成权限日志，所有权限类操作均记入日志且不可删除。

7. 追溯设备管理

对接入系统的 RFID 标识设备、二维溯源码喷码设备、RFID 手持设备、RFID 阅读器、RFID 查询一体机的使用位置、设备使用单位、使用人、设备类型等进行添加、修改操作；对设备的使用状态、使用记录、数据记录等信息进行查询。

8. 信息发布

向系统内用户、终端发送通知、公告、短讯等信息；可定义发送信息的用户范围，向不同级别、不同角色、不同模块的用户定向发送，可指定向 Web 端、手机 APP、微信等终端发送，也可支持通过 SMS 短消息发送；可对指定信息或结果（如溯源码审批、投诉信息等）设定自动规则，由系统自动执行。

9. 投诉管理

用户投诉管理：对企业、系统用户在系统内部发起的投诉、建议、问题等进行回复、抄送、标记，以及增、删、改、查等操作。消费者投诉管理：对消费者发起的投诉、建议、问题等进行回复、跟踪处理、抄送、归档，以及增、删、改、查等操作。

6.4.2　企业应用平台

接入系统的企业、养殖户平台入口，覆盖链条全过程功能需求，对不同类型的企业开放不同权限，实现接入企业对人员、组织、乌鸡生产、乌鸡追溯码、鸡蛋生产及喷码、追溯码申请、追溯设备等全面管理。

1. 企业组织管理

对接入系统的企业用户，可在该模块对企业部门、人员、组织架构进行管理维护，定义部门层级关系、管理权限、管理范围等；该模块可调取企业、养殖户与自己单位相关的认证、备案、抽检、奖罚等相关资料，并对资料进行导出存储，以便企业在行政公文或对外宣传中使用；对本企业内的用户权限进行管理，可对系统任一用户在指定功能模块中的任一操作权限（添加、删除、修改、查询）进行细粒度管理，并生成权限日志，所有权限类操作均记入日志且不可删除。

2. 禽舍管理

对乌鸡养殖企业禽舍、孵化间等固定资源进行登记、注释、分配，包括禽舍的自有编号、面积、设备设施、生产能力、存栏出栏、负责人和养殖人员分配等信息；对禽舍生成系统唯一编号，以便对追溯设备、追溯标签、环控设备等设施进行分配和溯源。

3. RFID 设备管理

RFID 脚环标签的申请提出、申请状态查询、异常驳回批复、脚环标签入库记录与使用记录等信息；对本单位的 RFID 手持设备、RFID 阅读器使用位置、设备使用人、设备类型等进行添加、修改操作；对设备的使用状态、使用记录、数据记录等信息进行查询；育雏期乌鸡在上笼前佩戴 RFID 脚环，并通过手持 RFID 设备对分配情况进行记录，可在此模块实时查询分配情况。

4. 种鸡选育管理

利用 RFID 脚环，录入种鸡生长过程中的相关信息（如入栏时间、饲料投放、防疫检测时间、免疫注射时间、兽药使用等）。对种鸡进行标记录入用于和普通的乌鸡进行区分。

5. 孵化管理

记录种蛋批次对应的母体信息，如入栏时间、饲料投放、防疫检测时间、免疫注射时间、兽药使用等。种蛋的批次记录、孵化数量、孵化成功率、孵化环境记录、孵化天数均记入日志且不可删除。

6. 养殖过程管理

对乌鸡批次、原种来源、日龄、生产数据（喂料、饮水数据，用药防疫等）进行录入。环境监测数据管理：通过智能传感器在线采集禽舍环境数据（二氧化碳、氨气、硫化氢、空气温湿度等），环境采集信息记入后不可修改、删除，对采集的环境监测数据进行筛选、对比分析，生成报表。异常报警：实时掌握养殖场环境信息，及时获取异常报警信息，并根据检测结果，远程控制相应设备，每条故障信息及远程操作信息均记入日志且不可修改删除。

7. 蛋品生产管理

以批次为单位记录禽舍鸡蛋生产信息，记录包括批次信息、所属栏舍、母鸡生长信息、产蛋信息、产蛋数量等。记录散养区每天乌鸡蛋采集信息，包括采集区域、采集数量、采集时间、采集人等。

8. 蛋品喷码管理

对乌鸡蛋二维追溯码的申请提出、申请状态查询、异常驳回批复、可用二维码状态、二维码存量预警等信息进行跟踪、维护；对喷码设备状态进行管理，记录设备运行状况、运行时间、喷码记录、操作人员、设备维护记录等信息。

9. 加工厂生产管理

毛鸡原料的来源（养殖场、负责人）、毛鸡数量、检疫记录等自动采集信息的记录、查询、统计、导出。屠宰加工厂产成品的生产日期、包装时间、入库时间、品检人员、品检时间等信息的记录、查询、统计、导出。

10. 销售出厂管理

客户信息管理：对经销商、代理商、客户等信息的添加、删除、查询、修改、统计；记录乌鸡蛋销售出厂的品种类别、批次、客户、数量、运输方式等信息；记录乌鸡销售出厂的鸡只编号、客户、包装方式、运输方式等信息；记录冷冻乌鸡销售出厂的鸡只编号、客户、运输方式、车辆资料、承运人等信息；销售历史数据的查询、统计及报表导出功能。

11. 政策与公文

根据监管系统的配置或转发，可接收与本企业相关的留言、投诉等信息。动态显示系统内部发布的通知、公告、政策文件等信息，动态显示互联网上与乌鸡相关的产业信息和新闻热点。

6.4.3 追溯查询平台

消费端的快速查询，涵盖多个用户终端类型，实现用户的手机查询、Web 查询、专用设备查询等功能，以及各种查询数据的记录、统计、用户画像。消费者可通过移动端微信“泰和乌鸡产品溯源查询系统”公众号，输入鸡脚环编码来查询所购买泰和乌鸡的真伪、养殖基地名称、养殖基地负责人、出栏日期、生长过程、饲养环境、饮水喂料、检疫等信息，如图 6.7 所示。

图 6.7　泰和乌鸡二维码与编码追溯系统

1. 微信端泰和乌鸡蛋追溯查询

（1）消费者可使用微信“扫一扫”功能，扫描乌鸡蛋上喷印的二维追溯码查询乌鸡蛋的真伪、鸡蛋生产日期、批次号、养殖基地名称、养殖基地负责人、鸡只生长过程、饲养环境、饮水喂料、检疫等信息。

（2）由于泰和乌鸡蛋偏小，蛋表面曲率大，二维码容易发生不易识别情况，消费者可通过移动端微信“泰和乌鸡产品溯源查询系统”公众号，输入鸡蛋上喷印的数字编码，查询乌鸡蛋的真伪、鸡蛋生产日期、批次号、养殖基地名称、养殖基地负责人、鸡只生长过程、饲养环境、饮水喂料、检疫等信息。

2. 一体机查询管理

消费者可通过销售商所使用的专用设备进行查询，扫描 RFID 脚环，将电子标签的数据进行读取显示，查询到所购买乌鸡饲养、检疫、无害化处理等信息。

3. Web 版查询系统

消费者可通过登录官方网站进行输码查询，系统会根据输入的编码进行商品分类，针对不同的商品显示追溯信息。

4. 微信公众号

消费者可关注微信公众号，选择二维码查询或输码查询，针对不同的商品显示追溯信息。可定期推送泰和乌鸡相关的政策、新闻、美食、营养、研究成果、打假维权等信息，推广泰和乌鸡品牌，帮助消费者深入了解泰和乌鸡。可协同追溯系统内备案企业和自有电商平台，共同进行商品促销等活动，可结合泰和乌鸡产品的销售热点期，推出主题活动。

6.4.4 电子商务平台

泰和乌鸡购物平台（图 6.8）可将备案企业纳入统一的管理体系，建立形象规范的权威销售出口，对接入企业实行挂牌授权制度，提高接入企业的权威性。

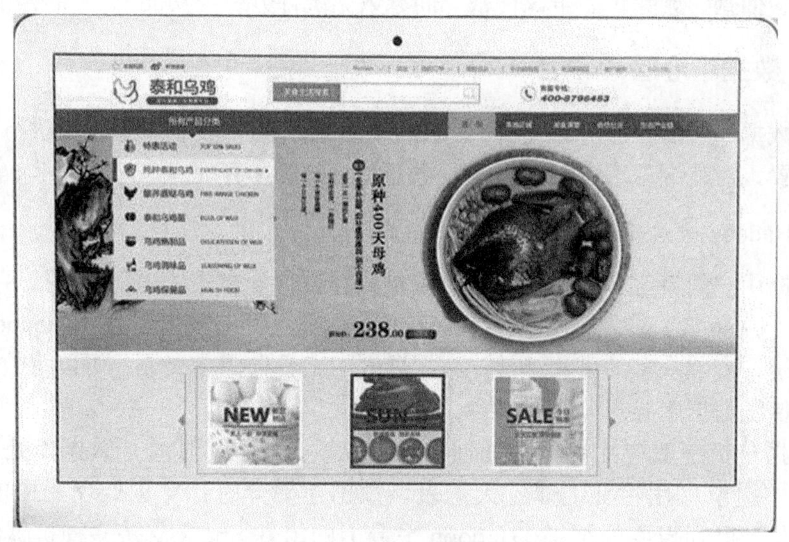

图 6.8　泰和乌鸡购物平台

1. Web 版购物商城

（1）支持电子购物平台模式（B2B2C）的多用户商城平台，具备商品展示、搜索、排行、对比、购物车、个人信息管理、订单管理、评价管理、地址管理等购物功能，支持跨店，统一结算。

（2）入驻企业或商户可独立开设不同店铺，各店铺可设置独立客服，具备商品管理（商品信息上架、下架、分类管理、批量操作、商品页排版编辑等）、店铺管理（模板管理、导航菜单、快递管理等）、客服管理（咨询、接待、售后、订单处理等）、运营管理（报表、促销、投诉、评价等）。

（3）商城设立在线溯源查询，消费者可方便地查询商品真伪，入驻本商城平台的企业要求为溯源系统内的备案企业。

2. 微信版购物商城

消费者可通过“泰和乌鸡产品溯源查询系统”的公众号进入微信版的购物商城，该微信版购物商城具备与 Web 版相同的购物功能，但不集成商家的后台管理功能。

3. 电商管理平台

建立认证企业和商户的授权机制、认证商品，可以使其他电商平台（天猫、淘宝、京东等）引用官方授权正宗泰和乌鸡产品备案证照；平台具有入驻企业管理（审核、续约、年检、奖惩、投诉、资金结算）、商品管理（品类、规格、下架处理、抽查、删除）、争议仲裁、商家数据统计分析等功能。

6.4.5 数据中心管理平台

对数据库集群、服务器集群、数据备份策略、接入设备数据接口进行统一管理和配置，对终端程序（PC、APP）进行统一的版本管理。

1. Hadoop 平台建设

根据用户的自定义业务逻辑，对海量数据进行分布式处理，使用社区企业操作系统（CentOS）作为底层平台，分布式计算平台/组件安装，使用 Hadoop 系列开源系统，安装众多的可用组件，数据导入的工具选择 Sqoop，可以将数据从文件或者传统数据库导入分布式平台。

数据分析一般包括数据预处理和数据建模分析两个阶段。数据预处理从海量数据中提取可用特征，建立大宽表。数据建模分析针对预处理提取的特征/数据建模，得到想要的结果。Hadoop 平台上的组件 Spark 支持多种机器学习算法，如朴素贝叶斯、逻辑回归、决策树、神经网络、词频-逆文本频率指数（TF-IDF）、协同过滤等。结果可视化对结果或部分原始数据做形象的、动态的、视觉化的展示，可以使非 IT 专业人员更直观地通过视觉化的数据寻找规律和管理策略。

2. HBase 集群数据库

HBase 集群数据库是一个基于分布式的、面向列的、主要用于非结构化数据存储用途的开源数据库，而且 HBase 集群数据库不同于一般的关系数据库，它是一个适合非结构化数据存储的数据库。非结构化数据存储就是说 HBase 是基于列的而不是基于行的模式，这样方便读写大数据内容。

3. 版本升级管理路由

对系统的操作终端、接入设备数据接口进行统一管理、配置、升级操作，对系统版本进行有效管理。APP 实际上和 PC 端浏览器是对等的，PC 端应用有服务端，APP 也需要自己独立的服务端，两个服务端都需要针对自身的特点，独立开发，独立部署，同时实现逻辑和物理层面的解耦，实施对等隔离。核心逻辑从 Web 应用剥离出来，进行服务化改造，服务实现时不区分 PC 和无线，APP 和 Web 应用都依赖于这些服务，一套接口，多方调用统一服务，提供统一的无线网关，所有 APP 调用指向此网关。网关包括通用层、接口路由层、适配层。

4. 系统备份管理

数据作为一种不可再生资源，一旦丢失，其损失巨大。数据备份作为保障数据安全性的重要手段，本系统主要遵循以下原则：①开放性原则：软件系统遵循国际标准或工业标准，符合开放性设计原则，使其具备优良的可扩展性、可升级性和灵活性。②安全性原则：数据保护系统构成应用系统的保障子系统。数据保护系统的最终目的是确保应用系统的安全运行和故障恢复机制，系统设计的首要目标是建立这一系统安全体系。③稳定性原则：在采用国际先进的存储技术的同时，着重考虑系统的稳定性和可行性，使系统的运营风险降低到最小。这样，系统能够充分享受先进的存储技术带来的巨大收益。④系统设计的可扩展性：系统的建设，不仅要满足当前数据存储备份的需求，还要充分考虑系统在今后应用中的可扩充性，要与今后实施的方案相兼容。

5. 物联设备数据接入

把各种类型的传感器设备、控制设备、自动化设备通过有线、无线等不同的方式，按照约定的协议，与物联网连接起来，进行信息交换和通信，实现对设备的管理和监控，即物联设备的数据接入。在本模块中，主要考虑了兼容性、可移植性、扩展性、安全性、便利性、实时性、互通性等性能要求，以及简便高效的可管理性能力。

支持 Linux、Android、Windows 等平台的软件开发工具包（SDK）接入，支持跨平台的移植能力。自建协议解释引擎，支持物联网场景的主流标准协议的同时，在系统内可应用私有协议，即使设备通信被劫持也依然可以保障数据的安全性。基于安全传输层协议（TLS）、数据包传输层安全性协议（DTLS）等协议进行客户端和服务器端的双向鉴权、数据加密传输，防范非法接入和数据窃取、篡改等风险。针对设备资源和应用场景的安全风险不同，支持选择对称和非对称加密方式。对于支持远程升级的设备，提供远程升级模块的支持，降低设备维护的人工成本，可及时消除隐患，修复设备固件漏洞。可全程对设备状态监控，有效实时获取状态变更通知。作为设备的唯一接入方，物联云平台通过开通消息队列服务，可通过便捷配置，快速将设备消息、状态变更行为写入云消息队列［注册质量经理（CMQ）服务，第三方服务通过消息队列 SDK 接口取用消费数据，实现设备与第三方服务的异步消息通信，提供与云大数据处理套件 TBDS 打通的能力］。通过大数据处理套件所提供的强大数据发现、数据分析、数据挖掘能力，可快速对物联网亿级规模的数据进行智能处理，挖掘数据价值、提高效率。

6.4.6 设备功能说明

各模块所需设备如图 6.9 所示，在不同情景状况下，根据需要首先建立基础的硬件配置，后期按照发展情况或实际需求，再进行阶段性的数量和层级完善与配备，例如，企业层面所配备设备可以根据企业规模大小、养殖模式、配套能力进行选择。而必备的硬件基础，如数据中心设备则需要一次性配置完全，但也需要具备可拓展空间及接口，按发展阶段进行不断完善。尤其是流通环节查询机数量上遵循集中原则，首先布局查询需求最集中频次最高的区域，再逐步覆盖全域。

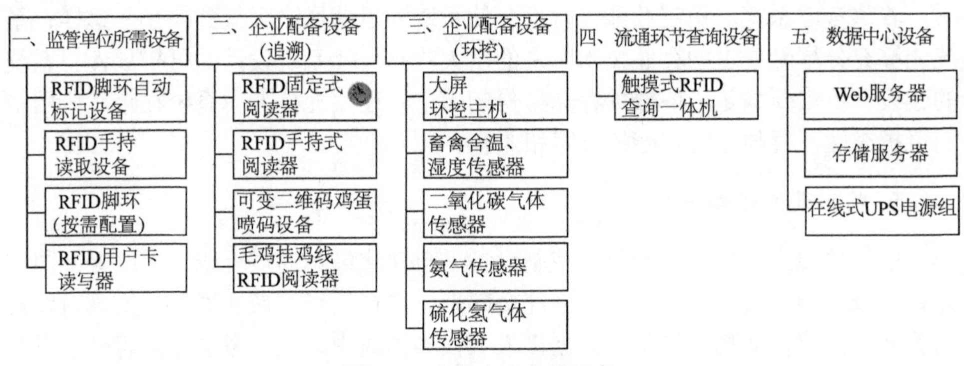

图 6.9　泰和乌鸡监管设备

1. RFID 脚环自动标记设备

该设备用于对政府监管发放的 RFID 脚环进行标识、登记，其工作流程为“用户提出 RFID 脚环申请→监管系统负责人审批→生成申请审批单→设备操作人员接收审批单→从本设备下载审批单对应数据（申请人、养殖场、申请时间、数量等信息）→对鸡脚环进行标识→装箱、封口，待申请人领取”。

自动对 RFID 脚环进行编码标记，将 RFID 脚环信息与养殖企业信息自动关联，将 RFID 脚环数据自动发送到云端数据库，中间过程无人工干预，标记速度为 13000～15000 个/（小时 · 台），标记设备如图 6.10 所示。

图 6.10　泰和乌鸡 RIFD 脚环自动标记设备

2. RFID 手持读取设备

（1）实现 RFID 的数据采集、存储等功能，支持群读（最高 200 标签/s），读取距离大于 2 m（与标签类型和现场环境干扰有关）。

（2）直接读取 RFID 标签，准确记录批次产品的来源信息，防止假冒混杂，外形轻巧便于携带，可随时随地对 RFID 标签进行读取，对于监管部门抽检、脚环佩戴现场、企业内自检等应用非常合适。

（3）支持超高频（UHF）段（920～925 MHz），工业防护等级，1.5 m 抗摔落，安卓操作系统，单次充电工作时间 5～12 h，内置 GPS 全球定位模块，可记录操作使用时的地理位置和时间。RFID 手持阅读器如图 6.11 所示。

图 6.11　泰和乌鸡 RFID 手持读取设备

3. RFID 脚环

无线射频识别是一种非接触式的自动识别技术，它通过射频信号自动识别目标对象并获取相关数据，无须人工干预，对工作环境要求不高。RFID 技术可识别高速运动物体并可同时识别多个电子标签，操作快捷方便，在零售业、物流、交通、自动生产线、设备管理、门禁、畜牧业、物料管理等领域中得到广泛应用。RFID 技术因为有防尘、防水、耐热、耐寒、形式多样、识读距离远、可批量打印等特性，在防伪识别领域越来越多地被使用。

RFID 脚环标签采用经过专门设计的模具注塑成型，根据使用场合和要求不同，将低频、高频、超高频等经过特别设计的、适合脚环封装体积的 RFID 标签封装到脚环内，最后用特种胶进行灌注封口达到防水防尘防破坏的“三防”目标。卡扣采用专门设计的结构，易装难拆，特别适合泰和乌鸡这种整只销售的禽类产品，具有非接触识别，抗干扰能力强，识别准确的特征。RFID 脚环标签使用超高频段，可以使识读距离达到 1 m 以上，而且防水耐污耐磨损，养殖环境使用可靠性高，可写入大量信息，标识内容更丰富，配合 RFID 阅读器的使用，可对鸡只的运动、生活习性等进行跟踪，尤其是针对林下散养泰和乌鸡。由监管部对 RFID 脚环统一管理，按实际养殖数据标记、发放，结合大数据系统的应用，可实现较高级别的防伪性能。脚环读写数据自动与云端同步，中间过程无人工干预。

4. RFID 固定式阅读器

在养殖舍、散养区或其他固定地点安装阅读器，可对射频信号覆盖区域内的鸡脚环进行跟踪、识别、读取或写入数据（需要 RFID 脚环芯片支持写入）。例如，通过在散养区的禽舍饮水器乳头处安装阅读器，可识别单只乌鸡的饮水习惯，记录饮水时间及次数，同时可判断乌鸡为笼养鸡或散养鸡。固定式阅读器可根据现场不同地理特点、线路特点等选择不同的数据接口，可支持 RS485、RS232、以太网、WiFi 等多种方式接入，方便灵活、易于部署、便于管理。

5. 二维码鸡蛋喷码设备

由于本溯源监管系统设计是基于“端+云”的方案，为最大程度保障追溯码的安全性、可靠性、唯一性，所以采取下行发码规则，有别于普通商品追溯技术所采用的“设备喷码、数据上传”的规则。本方案中所有追溯码的生成都由政府监管系统按需要在云端生成，再通过系统内建立通信链路直接下发到端（即喷码设备），中间过程避免人为干预，最大限度地保证溯源码的安全性和权威性。

整套设备由喷码机、喷头、输送带、二维码校验器共同组成。喷码机主机通过网络与云服务器建立连接，接受云端下发的二维码序列，再由工人操作开始喷印，但本机不可更改喷码内容；可根据方案需要增加校验器，在喷码后即可进行读取测试，以验证二维码的可读性。

二维码的错误修正能力强，可靠性高，即使有部分缺损也可以识读，并且消费者接受程度高，市场基础好，通过近几年的移动互联网应用，已经完成了用户教育的过程。认证码由监管部门云端审核，直接分发到设备，设备本身只负责追溯编码到二维码的转换，不负责追溯码的生成。二维码鸡蛋喷码设备（图 6.12）最多具有 6 个喷头，可整托连续喷码，对已经有喷码设备的企业，可视设备情况进行改造，在实现云端二维码下发的同时，尽可能减少固定资产的重复投资，设备结构灵活，经过简单调整后也可在外包装喷码。联网的动态数据管理，喷码过程及二维码使用情况，监管系统可实时监测，可根据需要选择食品级油墨。

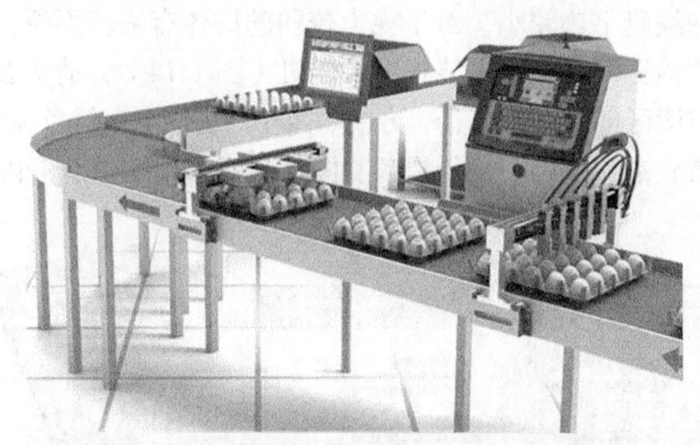

图 6.12　泰和乌鸡蛋二维码喷码设备

6. 毛鸡挂鸡线 RFID 阅读器

加工厂挂毛鸡时直接读取 RFID 标签，准确记录批次产品的来源信息，可根据需要外接大屏显示设备，实时显示标签信息。可设置挂鸡光电计数器，统计挂鸡数量，并实时将 RFID 标签的数量与计数器数据对比分析，防止出现假冒混杂。加工厂原料来源数据直接进入云端，不经人工干预，识别速度为 18000～20000 个/（小时 · 台）。毛鸡挂鸡线 RFID 阅读器如图 6.13 所示。

图 6.13　毛鸡挂鸡线 RFID 阅读器

7. 触摸式 RFID 查询一体机

特种鸡产品与普通白羽肉鸡产品在销售方式和产品类型上有很大的不同。根据调研了解，目前泰和乌鸡的主要销售范围集中在浙江、福建、广东、广西等区域。销售形式有较大比例的活禽销售，消费者还有大量的中老年群体，这部分消费者对智能手机等移动工具的应用能力较弱。另外，由于 RFID 脚环标签的体积限制，脚环上的编码字迹较小，对于视力较弱的群体有诸多不便，因此，可考虑在有一定能力的销售网点部署安装查询一体机（图 6.14），消费者只需简单地将乌鸡脚环靠近识读区即可查询真伪，方便、简单、易用。在设备没有进行查询时，可作为广告机播放泰和乌鸡的宣传视频、图片、商品促销信息等内容。

图 6.14　泰和乌鸡 RFID 查询一体机

6.4.7　原种场互联网

1. 自动化环境控制概述

密闭鸡舍的环境控制是通过通风换气，热源供热，湿帘降温等措施保证鸡舍的空气新鲜，温度和湿度适宜。在室外气候条件发生变化时，环境控制系统自动调节进排风方式，自动启动加热、加湿或降温设备，保证鸡舍环境不受室外温度和湿度影响，并对环境参数进行记录统计分析。利用网络资源远程访问，随时随地掌握鸡舍环境情况。

环境控制系统的协调、稳定和有效运行是饲养成绩的决定性因素，与优良品种、饲料营养、免疫防疫构成饲养管理的四大体系。目前，环境自动控制技术正在规模化养殖中快速推广。

通风控制策略是控制的重点，人们很容易把自己感知的冷热程度和温度数值的高低一一对应，通风相对于温度而言，给人的概念不是很直接，通风量的多少要通过空气质量来衡量。同时通风量数值的大小和实际达到的空气质量的好坏还受很多因素的影响，如湿度、灰尘、温度、温差等，所以在鸡群的日常管理中往往被放在温度之后来考虑，尤其是在寒冷的冬季，牺牲通风保温度的做法很普遍，这一做法极其错误而且危害性很大。

2. 环控设备鸡舍控制主机

主机可根据畜禽生长日龄，对风扇进行合理的编组使用，控制通风，并通过控制湿帘口和风口，正确处理高温、高湿或寒冷季节的通风与加热的关系，以更好地控制禽舍内部环境。并且根据畜禽生长周期适当地调光，满足畜禽在生长过程中对光照的要求。通过检测供水量、禽重和供料量了解畜禽的生长情况。自动检测湿帘口、风帘口、供料、供水等执行情况，确保饲养设备的运行可靠。系统设置高低温、高湿、高静压、低静压、断电、供水不足、停水、供水过速、供水过量、供料过量、供料不足、湿帘口和风帘口等报警功能，保证生产过程的安全。主机可连接多个室内室外温度传感器和湿度传感器，支持数字式和模拟式传感器接入，准确了解室内外温差、室内前后温差，可以控制多套舍内加热设备，在寒冷季节也可以精确调整舍内气候环境。主机还支持舍内区域划分，可以针对舍内前后温差大、温度不均衡等情况进行调整，只对部分禽舍升温。可以控制多个梯度挡位的纵向和横向风机，支持断续通风和变频通风风机，以便在育雏期精确控制最小通风量；可以通过调节侧向进风窗，精确调节舍内进气量，在室外温度低于室内温度时万分重要。降温和加湿水帘控制灵活，可以控制水泵的开关，同时调整水帘挡板的开启度，以精确调整进风量。支持二氧化碳传感器和氨气传感器、硫化氢传感器的连接，以实现根据舍内二氧化碳含量来控制最小通风量。连接负压传感器，可以主动采用负压控制模式，通过测量室外气压和室内负压，即可自动调节进风量，或者进行异常报警，可以直接在主机屏幕上显示各类参数的趋势曲线及历史曲线。

3. 视频监控系统

为了保证追溯系统的有效实施，除了数据的监控外，也需要对养殖舍现场、追溯标识设备现场及涉及追溯扫描、识读的现场安装监控设施，可以更直观地了解人员行为和操作过程，同时可以在一定时间内留存视频记录，便于出现问题时的追溯和查找，建立一个安全、实用、合理、先进，且能与追溯系统完整整合的视频监控系统。

4. 监控系统功能描述

如图 6.15 所示，监控平台采用高内聚、低耦合的模块化设计思路，整个平台包括平台管理服务（PMS）、设备接入管理服务（DAS）、集中存储服务（CSS）、告警管理服务（AMS）、客户端（CLI）。平台软件可以运行在企业提供的一体机平台，也可以运行在纯软件的云平台，或者是一体机与云平台混合部署。

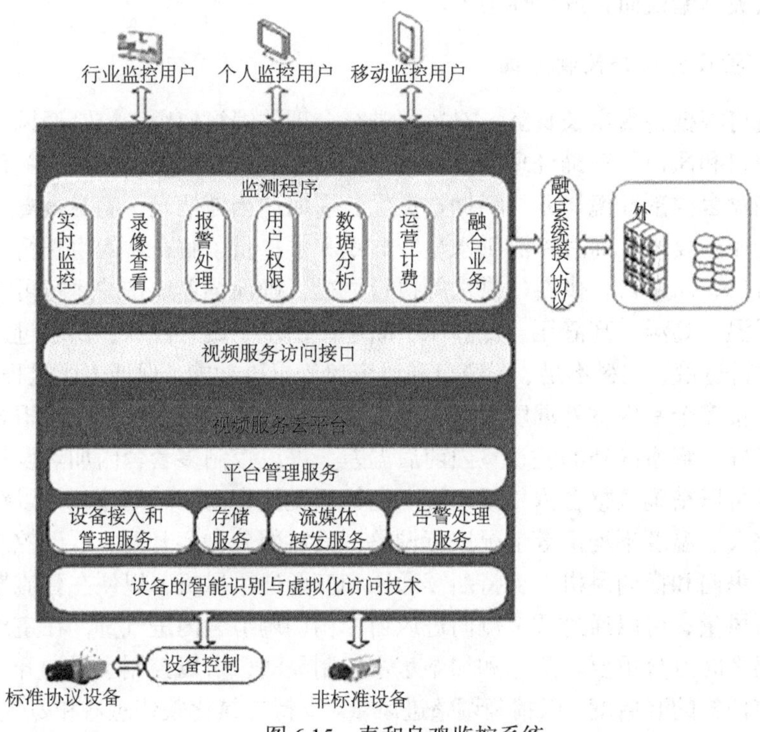

图 6.15　泰和乌鸡监控系统

5. 特点与创新

（1）实现泰和乌鸡种质资源保护。通过本系统的实施与应用，建立起完整的四级保种繁育体系，为泰和乌鸡的优化选育、种群扩繁及原种泰和乌鸡谱系的建立提供了数字化依据。实现嫁接国家畜禽种质资源共享平台，更好地保护我国特有泰和乌鸡生物种质资源。

（2）泰和乌鸡与蛋同时纳入监控与追溯系统。通过本系统的实施与应用，实现种蛋、种鸡、育雏、商品鸡、商品蛋的全程追溯，一个体系两种功能，对于蛋肉两用的其他地方鸡种具有很强的适用与示范作用。

（3）对于不同养殖模式实现追溯。针对泰和乌鸡目前的规模化与林下养殖同时存在的现状，通过本系统的实施与应用，可以实现从农户散养到企业规模化养殖泰和乌鸡（蛋）的过程数据透明化、规范化、标准化，产品可控可追溯。

（4）整合销售系统。将目前散乱的泰和乌鸡销售网络整合，认证后的泰和乌鸡与蛋能够实现统一出口，优质优价，有助于提高养殖加工户的经济效益，也有利于泰和乌鸡产业发展和品牌树立与宣传。

（5）监管体系更加严密，加强监管层级与权限的灵活。系统设计中根据需要设置不同权限，能够实现不同管理层责任明确分工，层层监管，互相监督，避免监管风险。

（6）系统的柔性与扩展性。本系统设置具有较强的柔性与扩展性，前期根据实际情况选择不同的硬件与数据库的软件配置，充分体现实用性，逐步实现整体的溯源与监管体系的可操作、可运行。

6.5　小　结

通过基于物联网追溯技术的应用实现对乌鸡原种的持续检测和监控，建立涵盖原种性能表现、品种分布、原种数量、子代系谱资料库，实现对泰和乌鸡原种的严格保护，协助建立、健全“保种场-一级扩繁场-二级扩繁场-商品场”四级保种繁育体系；建立授权、认证机制，对商品鸡、商品蛋进行标记标识，使消费者能通过Web客户端、移动客户端等手段，方便、快速地对泰和乌鸡产品进行鉴别，防范假冒伪劣的泰和乌鸡产品冲击市场；建立能与保种溯源和质量追溯系统数据互通的智能化养殖体系，通过养殖场环境控制、养殖场生产管理、鸡舍设备维护管理、养殖数据分析、关键数据计划及报警、多级远程监控等手段，实现肉鸡养殖场的完全自动化生产管理，减少人为干扰，使养殖数据透明化、规范化、标准化，防止部分养殖人员过度用药、过度防疫，从源头上保证泰和乌鸡产品的原生性和高品质，实现从肉到鸡、从蛋到鸡的完整追溯和监管；建立泰和乌鸡产业的大数据平台，多角度、多维度地采集和记录产业链条中的生产、加工、流通、管理及从业人员行为等数据，实现多类型数据的关联查询、分析，提高养殖和生产管理水平，为泰和乌鸡产业的大发展建立良好的数据基础、积累数字资产。

参考文献

陈长喜，许晓华. 2017. 基于物联网的肉鸡可追溯与监管平台设计与应用. 农业工程学报, 33(5): 224-231.

陈飞，艾中良. 2016. 基于Flume的分布式日志采集分析系统设计与实现. 软件, 2016, 37(12).

陈佳伟，刘文君. 2015. 基于物联网技术的农产品供应链追溯体系研究. 物流科技，38(10): 119-122.

陈煜. 2012. 基于Android系统的手机文件管理器的设计与实现. 成都: 西南交通大学.

范玉庆，胡明绪. 2012. 泰和乌鸡产业化发展思路与对策. 江西畜牧兽医杂志, (2): 18-20.

范玉庆, 罗嗣红, 陈听冲. 2017. 发挥泰和乌鸡资源优势 激发产业发展新动能. 江西农业, (24): 36-38.

范玉庆, 袁邦彬. 2018. 泰和县泰和乌鸡产业集群的发展规划与推进举措. 江西畜牧兽医杂志, (1).

方诗伟. 2013. 基于 HBase 的医疗卫生数据中心构建与异构数据库同步研究. 成都: 电子科技大学.

费仕忆. 2014. Hadoop 大数据平台的传统数据仓库的协作研究. 上海: 东华大学.

高洪, 杨庆平, 黄震江. 2013. 基于 Hadoop 平台的大数据分析关键技术标准化探讨. 信息技术与标准化, (5): 27-30.

郭东, 杜勇, 胡亮. 2012. 基于 HDFS 的云数据备份系统. 吉林大学学报(理学版), 50(1): 101-105.

国家标准化管理委员会. 2010. 饲料和食品链的可追溯性 体系设计与实施的通用原则和基本要求. GB/T 22005—2009. 北京：中国标准出版社.

郝伟姣, 周世健, 彭大为. 2013. 基于 HADOOP 平台的云 GIS 构架研究. 江西科学, 31(1): 109-112.

郝璇. 2014. 基于 Apache Flume 的分布式日志收集系统设计与实现. 软件导刊, (7): 110-111.

贺淹才. 2003. 我国的乌骨鸡与中国泰和鸡及其药用价值. 中国农业科技导报, 5（1）: 64-66.

胡树煜, 刘孝刚. 2017. 畜禽产品可追溯系统的研究与设计. 黑龙江畜牧兽医, (4): 74-77.

李秋虹. 2013. 基于 MapReduce 的大规模数据挖掘技术研究. 上海: 复旦大学.

刘斌. 2017. 基于 Hadoop 的 WEB 日志分析系统设计. 安徽科技学院学报, 31（4）: 67-70.

刘凯达, 郑丽敏, 徐桂云. 2014. 基于二维码、RFID 技术的鸡蛋质量追溯系统设计与应用. 中国家禽, 36(11): 48-50.

彭剑, 肖华茂. 2013. 基于物联网技术的湖南省农产品供应链管理模型设计. 湖北农业科学, 52(15): 3687-3689.

全国食品安全管理技术标准化技术委员会. 2010. 饲料和食品链的可追溯性 体系设计与实施指南. GB/Z 25008—2010. 北京：中国标准出版社.

全国物流标准化技术委员会. 2012. 食品冷链物流追溯管理要求. GB/T 28843—2012. 北京：中国标准出版社.

全国原产地域产品标准化工作组. 2007. 地理标志产品泰和乌鸡. GB/T 21004—2007. 北京：中国标准出版社.

尚柯, 米思, 李侠, 等. 2018. 泰和乌鸡蛋与普通鸡蛋维生素含量差异分析. 食品科技, (2): 120-123.

宋春红, 王佳斌, 郑力新. 2016. 一种 MySQL 到 HBase 的迁移策略的研究与实现. 微型机与应用, 35(13): 82-85.

孙红, 郝泽明. 2015. 大数据处理流程及存储模式的改进. 电子科技, 28(12): 167-172.

王东雷, 孙忠林. 2013. 基于 MapReduce 的大数据流程处理方法. 计算机应用, 33(2): 57-59.

王虎虎, 徐幸莲. 2010. 畜禽及产品可追溯技术研究进展及应用. 食品工业科技, 31(8): 413-416.

王玉凤, 梁毅. 2014. Hadoop 平台数据访问监控机制研究. 计算机工程与应用, 50(22): 43-49.

闻良. 2017. 基于 Hadoop 平台的 Hbase 数据存储在快递行业的适用性研究. 西安: 长安大学.

中华人民共和国商务部. 2012. 肉类蔬菜流通追溯体系信息感知技术要求. SB/T 10682—2012. 北京：中国标准出版社.

中华人民共和国商务部. 2012. 肉类蔬菜流通追溯体系信息处理技术要求. SB/T 10684—2012. 北京：中国标准出版社.

朱斌. 2013. 基于 Hadoop 的日志统计分析系统的设计与实现. 哈尔滨: 哈尔滨工业大学.

Bhardwaj A, Vanraj, Kumar A, et al. 2016. Big data emerging technologies: a case study with analyzing twitter data using apache hive. International Conference on Recent Advances in Engineering & Computational Sciences, IEEE: 1-6.

Dabbene F, Gay P. 2011. Food traceability systems: performance evaluation and optimization. Computers & Electronics in Agriculture, 75(1): 139-146.

Franke C, Morin S, Chebotko A, et al. 2011. Distributed semantic Web data management in HBase and MySQL cluster. Computer Science, 105-112.

Hao C, Ying Q. 2011. Research of cloud computing based on the Hadoop platform. International Conference on Computational and Information Sciences: 181-184.

Haouari A, Zbakh M, Cherkaoui R, et al. 2017. TASMR: towards advanced secure mapreduc framework across untrusted hybrid clouds. International Conference of Cloud Computing Technologies and Applications, IEEE Computer Society: 1-9.

Hussein A, Elhajj I H. 2016. Securing diameter: comparing TLS, DTLS, and IPSec. Multidisciplinary Conference on Engineering Technology: 1-8.

Kangoh L, Yeonghwan B. 2010. Construction and management status of agri-food safety information system of Korea. Journal of the Faculty of Agriculture Kyushu University, 55(2): 341-348.

Lai W K, Chen Y U, Wu T Y, et al. 2014. Towards a framework for large-scale multimedia data storage and processing on Hadoop platform. Journal of Supercomputing, 68(1): 488-507.

Mousavi A, Sarhadi M, Fawcett S, et al. 2005. Tracking and traceability solution using a novel material handling system. Innovative Food Science & Emerging Technologies, 6(1): 91-105.

Papetti P, Costa C, Antonucci F. 2012. A RFID web-based infotracing system for the artisanal Italian cheese quality traceability. Food Control, 27(1), 234-241.

Qin Y R, Sheng Q Z, Falkner N J G, et al. 2014. When things matter: a survey on data-centric internet of things. Journal of Network and Computer Applications, 64: 137-153.

Rijswijk W V, Frewer L J, Menozzi D, et al. 2008. Consumer perceptions of traceability: a cross-national comparison of the associated benefits. Food Quality & Preference, 19(5): 452-464.

Voulodimos A S, Patrikakis C Z, Sideridis A B, et al. 2010. A complete farm management system based on animal identification using RFID technology. Computers & Electronics in Agriculture, 70(2): 380-388.

第 7 章　泰和乌鸡产业

泰和乌鸡作为泰和县的地理标志产品，具有悠久的历史文化，是泰和人引以为傲的“名片”。泰和乌鸡是国际乌鸡标准品种，是我国著名的药膳兼用珍禽，也是我国重要的生物遗传资源。泰和乌鸡真正意义上的产业化发展起源于 20 世纪 80 年代后期，泰和乌鸡迎来新的发展机遇，涌现出了一批乌鸡养殖户和乌鸡产品加工企业，从而带动了整个泰和乌鸡产业的发展，并形成了养殖生产—屠宰加工—乌鸡食品深加工的特色产业链。

7.1　泰和乌鸡产业发展大事记

泰和乌鸡发祥于泰和县武山汪陂涂村，距今有着 2200 多年的历史，有着众多的历史典故和传说，集观赏、药用、保健滋补于一身。经过多年的发展，泰和乌鸡产业链已经基本形成。

1915 年，泰和乌鸡在“巴拿马国际贸易博览会”展出，其奇美独特的外貌，博得了参展各国的好评，被列为“观赏鸡”而誉满全球。

1959 年，泰和县人民政府在武山南麓（泰和乌鸡的发祥地）建立我国第一个泰和乌鸡专业化养殖场。

1979 年，在武山东麓以南建立了我国唯一的国家级泰和乌鸡原种场，使泰和乌鸡种质资源保护与发展进入一个崭新的时期。

1980～1981 年，中国科学院组织专家对泰和乌鸡进行了深入考察，进一步得出结论：江西泰和县是泰和乌鸡的原产地，并将泰和县生产的乌鸡命名为“泰和乌鸡”。

1983 年，国家领导人出访泰国，专程从泰和原种鸡场挑选 20 枚乌鸡种鸡蛋，作为贵重的外交礼品赠送给泰国，为增进中泰两国人民的友谊发挥了桥梁作用。

1986 年，泰和乌鸡被列入国家首批星火计划，泰和乌鸡从此正式走上产业化的道路。

1988 年，在日本名古屋召开的第 18 届世界家禽会议暨博览会上，泰和乌鸡被展出，博得了来自世界 35 个国家和地区的评委、观众的一致赞赏。长期以来，泰和乌鸡在国际上备受关注，其食补功效在国际上备受推崇，风行欧美及东南亚。

1989 年以后，泰和县抓住被列为赣中南农业综合开发基地县这一契机，在泰和乌鸡繁育、饲养、加工、销售等关键环节上，实行综合立项开发，走出了一条农业产业化的路子。

2000 年 8 月，泰和乌鸡被农业部列为首批国家级畜禽品种保护品种。

2001 年 12 月，泰和乌鸡商标获得国家工商行政管理总局商标局注册并列为农业部品种保种目录。

2002 年 3 月，泰和乌鸡种蛋乘“神舟三号”遨游太空。

2004 年 10 月，泰和乌鸡成为全国首例活体原产地域保护产品。

2005 年 10 月，泰和县成功举办首届中国泰和乌鸡节。

2006 年，泰和乌鸡产业办公室组建成立，泰和乌鸡被农业部定为首批国家级畜禽遗传资源保护品种。

2007 年 9 月，泰和乌鸡被列入世界地理标志名录，获得国家工商行政管理总局授予的“中国驰名商标”，并相继成为中国地理标志产品、中国地理标志、中国农产品地理标志。

2016 年，泰和乌鸡产业拥有了规模以上企业 21 家，实现产值 55.1 亿元，同比增长 11.5%；实现利润 1.1 亿元，同比增长 9.5%；农民从泰和乌鸡产业中人均增收 425 元。

目前，泰和乌鸡养殖占全县家禽养殖业的 80%以上，泰和乌鸡加工系列产品达 130 多个品种，已成为泰和县产业富民最具特色的优势产业。

7.2　泰和乌鸡产业发展现状

7.2.1　泰和乌鸡产业发展历程

据有关资料介绍，1978 年全县泰和乌鸡饲养量不足 5 万羽，但随后饲养量逐年增加，在 20 世纪 90 年代中后期达到鼎盛时期，突破了千万羽大关，当时泰和乌鸡最高每千克卖价达到 22 元，农民饲养泰和乌鸡的积极性十分高涨，全县泰和乌鸡养殖重点乡镇达 10 余个，重点村 150 个，重点户 2000 余户。此外，城乡居民蜂拥而上，几乎家家户户养泰和乌鸡。一大批乌鸡加工企业应运而生，到 1998 年发展到 10 家，形成 6 大系列 30 多个品种，年加工消化泰和乌鸡 400 多万羽，年产值达 1 亿多元，成为泰和县与粮食业并重的农业支柱产业。同时，20 世纪 90 年代初，泰和乌鸡与以色列矮脚白鸡杂交，形成生长速度快、体重个大、产蛋量高的杂交品种，开始大规模繁育推广，各地竞相引种，泰和县乌鸡年产量曾达到 2000 万羽，一时风靡全国，各地都进行大规模的杂交乌鸡饲养，产量达到 4 亿羽。

进入 21 世纪后，从 2001 年开始由于泰和乌鸡价格持续低迷，养殖户无钱可赚，甚至亏本，养殖积极性骤然下降，泰和乌鸡养殖走入低谷。据调查了解，泰和县种鸡饲养户由原来的 35 户减少到 15 户，种鸡的饲养量由原来的 15 万羽下降到现在的不足万羽，后备种鸡存笼也只有 1.2 万羽，年饲养商品鸡不足 300 万羽。全县商品鸡饲养户不足 150 户，部分泰和乌鸡养殖专业户放弃饲养或减小规模，有的改养麻鸡、三黄鸡。在泰和县乌鸡产业萎靡不振的情况下，泰和县政府为保护当地泰和乌鸡原种资源、促进乌鸡产业良性发展采取了各项措施，2001 年泰和乌鸡在国家工商行政管理总局商标局注册，2004 年被列为全国第一个活体原产地域保护产品，到 2005 年时泰和乌鸡饲养量出现回升，达 1830 多万羽，出笼 1600 万羽。

经过多年的发展，目前泰和乌鸡核心群保护数量达 3 万羽，并按标准化要求，在武山周边建立了泰和原种乌鸡种质资源保护区。在抓好保种的基础上，建有国家级种质资源保种场、生态模式保护区、基因库、良好农业规范（good agricultural practices, GAP）养殖示范基地各 1 个，泰和乌鸡饲料专项供应饲料厂 1 家。据统计，近年来，推动原种泰和乌鸡养殖 60 万羽，泰和乌鸡年饲养出栏 1260 万羽，产品深加工企业年加工消化乌鸡 600 多万羽，产品附加值较前增加一倍多，实现产值达 6.4 亿元，实现税收 3400 万元，养殖户人均增收 580 元，泰和乌鸡加工产品附加值也得到大幅提升。

泰和乌鸡产业链发展逐渐完善，全县从事泰和乌鸡养殖、加工及其配套企业达 110 多家，加工企业 10 家，其中县内企业 8 家，以泰和乌鸡为原料的产品达 8 大系列、130 多个品种，涵盖活鸡、鲜蛋、食品、酿酒、制药、调味品、保健品等系列，85%以上产品销往北上广深等省外市场，在国内乌鸡养殖、加工、营销同行中有很高的知名度，得到广大消费者认可。

泰和县政府坚持“民办、民管、民受益”的原则，依托养殖和流通大户，组建泰和乌鸡专业合作社，建立健全“龙头企业+农民合作社+农户”的运行模式，实现由产中服务向产前拓展、产后延伸，形成养殖、加工、销售一条龙完整产业链，提高泰和乌鸡养殖户市场化、组织化程度；并引导民间流通组织、经纪人队伍帮助泰和乌鸡养殖大户、加工企业和专业合作社与大型连锁超市、农产品供销公司等销售网点建立长期的供销合作关系，实现与市场的无缝对接。

泰和乌鸡依照国家质量标准规范管理，逐步扩大原种泰和乌鸡养殖规模，使泰和乌鸡从过去量上的增长转为质上的增长，为泰和县以原种乌鸡养殖替代杂交乌鸡养殖，加工企业原料由使用杂交乌鸡逐渐转变为使用原种乌鸡打下基础。泰和乌鸡的产业链已涵盖种质保护、种苗供应、专用饲料、商品鸡生产、食品、酿酒、制药、调味品、保健品、电子商务等多个产业，特别是产品加工、商品鸡生产环节均有了骨干企业支撑，部分重点生产企业已经采用国内先进的养殖、加工智能管控等设备。

7.2.2 泰和乌鸡产业发展存在的问题

1. 育种困难，保种意识不强

泰和乌鸡是经过长期自然选择而形成的地方家禽珍品，虽然经过十几年的发展取得了一定的成效，但在泰和乌鸡产业发展过程中还存在一些问题和困难。目前，保种企业基础设施不完善，科技创新能力较差，市场经济意识淡薄，使保种企业负债累累，人才流失严重，缺少专业技术人员，因此，搞好泰和乌鸡育种工作举步维艰。

2. 产业利益共同体未形成，市场营销体系不健全

泰和乌鸡产业发展仍然处于初级阶段。泰和县有 12 家年饲养泰和乌鸡种鸡 5000 羽以上的规模场户，有 5 家年饲养泰和乌鸡商品鸡 1 万羽以上的规模场户。但由于缺乏市场营销组织的市场牵动，产品与市场对接渠道不畅，销售模式主要为自产自销，销售区域以本地为主，生产与销售对接的市场主体作用并没有发挥出来，企业与养殖户仍然停留在自由式的买卖关系上，没有形成产业利益共同体，不能很好地应对市场风险。难以搭建“公司（专业合作社或协会）+农户”的“风险共担、利益共享”的产业化模式，导致泰和乌鸡商品鸡和种鸡养殖户瞻前顾后、迟疑不决。

3. 缺乏龙头企业带动

由于缺乏大型龙头企业带动，多年来，泰和乌鸡的销售以活乌鸡、速冻冰鲜乌鸡、礼品包装的鲜蛋为主，不利于长途运输和保鲜，且附加值低，产品科技含量不高，企业生产工艺技术水平低，市场开发不力，早已无法适应市场需求。深加工企业生产规模小，使泰和乌鸡的加工转化一直停滞不前，泰和乌鸡年加工能力不到 400 万羽，很难带动整个泰和乌鸡的产业化发展，而且不良商家为争夺市场份额而互相残杀，不惜降低产品质量，形成恶性循环。据了解，在 20 世纪 90 年代初，每吨乌鸡基酒投放泰和乌鸡 80 只，而现在只有 20～40 只，有的酒业公司投放的还是杂交乌鸡，泰和乌鸡的营养、药用价值并未完全地开发利用，泰和乌鸡系列产品依然是昔日的老面孔，难以满足消费者需求。

4. 泰和乌鸡商标侵权严重

泰和乌鸡因其特有的营养、药用、观赏价值誉满全球，吸引了国内众多养殖和加工企业的眼球，为了牟取利益，部分外地企业盗用泰和乌鸡品牌，大肆养殖和加工杂交乌鸡销往市场；少数本地商贩经常以次充好，挤占乌鸡市场，损毁了泰和乌鸡声誉。为了打假维权，泰和乌鸡产业办公室制作了正宗泰和乌鸡

防伪标识标志并启动了防伪查询系统。但因“泰和乌鸡”商标目前只适用于活体鸡上，乌鸡蛋又没有简便的检测标准和检测办法，致使打假维权工作难有实质性成效。

7.2.3 泰和乌鸡产业分析

1. 优势分析

（1）泰和乌鸡具有深厚的文化和历史底蕴；
（2）泰和乌鸡具有独特的膳用和药用等价值；
（3）泰和乌鸡具有强大的品牌价值；
（4）泰和乌鸡具有独特性和不可复制性，具有很强的地域性；
（5）便利的交通有利于泰和乌鸡产业的发展；
（6）公众消费观念的改变为发展泰和乌鸡产业提供了可能性；
（7）泰和乌鸡已获得国家政策等多方面支持；
（8）泰和当地政府在资金、税收等方面加大对泰和乌鸡产业的扶持力度；
（9）中国绿色食品、保健产品的消费呈增长趋势。

2. 劣势分析

（1）泰和乌鸡饲养规模较小，难以实现规模效应；
（2）泰和乌鸡产品销售渠道不够通畅，难以取得价格优势；
（3）泰和乌鸡因变种及饲养不当，真正符合标准的泰和乌鸡比较少；
（4）泰和乌鸡加工能力滞后，基础科研不深入，产品附加值较低；
（5）泰和乌鸡种质资源保护体系不健全；
（6）泰和乌鸡产业经营组织化程度低；
（7）受到外国杂交乌鸡的冲击；
（8）国内其他地方乌鸡品种较泰和乌鸡具有相对优势；
（9）现有的泰和乌鸡产品本身具有可替代性；
（10）相关配套体系不够完善。

7.3 泰和乌鸡产业发展的思路与对策

为了泰和乌鸡产业更好地发展，对泰和乌鸡的历史、现状、市场进行摸底和调查，发现泰和乌鸡产业还有广阔的前景，大有发展的空间，并对泰和乌鸡的实用价值进行了预期。

7.3.1　发展思路

根据中央有关生态农业发展的方针政策、泰和县农业建设纲要精神，以科学发展观为指导，以本区块现有资源为基础，以“产业富民”为目标，以市场建设为重点，以提高泰和乌鸡产品质量和扩大泰和乌鸡产品深加工领域为中心，充分发挥泰和乌鸡资源优势，运用泰和乌鸡知识产权对产业发展的保护和推动作用，推进泰和乌鸡养殖达到标准化、专业化、生态化、规模化的产业发展模式，使泰和乌鸡产业走向健康化、高端化、国际化的良性循环发展道路，最终实现“产业富民”的目标。

7.3.2　发展对策

1. 出台扶持政策，推动泰和乌鸡产业稳步发展

坚持“政府引导、市场主导、政策扶持、市场运作、多方参与”的原则，坚持以政府引导和市场运作两种手段，有序推进泰和乌鸡产业建设进程。全面落实中央和地方支持畜牧业发展的各项政策，制定有利于泰和乌鸡产业发展的政策，营造有利于泰和乌鸡产业发展的政策环境、体制环境和市场环境，加大财政对泰和乌鸡产业的投入，建立稳定增长的财政投入机制。

2. 加强组织领导，健全产业管理服务体系

进一步落实泰和乌鸡产业领导小组组成人员和工作职能，明确各部门责任，完善工作机制，将泰和乌鸡产业发展纳入有关部门工作考核体系，定期督促检查。明确泰和乌鸡产业办公室的工作职责，确保充足的工作经费和产业服务经费。其职责是制定并实施泰和乌鸡产业规划，协调相关部门保护泰和乌鸡品牌并规范泰和乌鸡市场，督促泰和乌鸡协会落实泰和乌鸡产品质量标准管理体系和知识产权管理体系，引进泰和乌鸡精深加工龙头企业，延伸泰和乌鸡产业链，提升泰和乌鸡产品附加值。形成以泰和乌鸡饲养、精深加工为中心，以繁殖饲养、精深加工企业为骨干，以重点养殖乡镇（场）、养殖专业村、养殖专业户为基础的泰和乌鸡产业良性发展格局。

3. 抓好基地建设，打造泰和乌鸡养殖新亮点

充分利用农业扶持政策争取国家、省、市项目资金，同时吸纳社会资金，采取“突出重点、以奖代补、量化考评”等方式鼓励发展现代化、标准化和生态型的泰和乌鸡养殖示范基地。按照现代农业示范区标准，加快泰和乌鸡生态科技园建设和泰和乌鸡养殖示范基地建设，以养殖示范基地为载体，增强辐射带动效应，提高泰和乌鸡规模化标准化水平。将泰和乌鸡产业优势示范区建设成为高效生态

养殖的样板区，从而带动全县泰和乌鸡产业的发展。

4. 保护种质资源，完善泰和乌鸡种质资源保护体系

首先要以发展原种泰和乌鸡作为主攻方向，完善标准质量体系，同时，与科研院所合作，通过现代生物技术与传统育种方法相结合，培育出具有市场竞争力的新品系，使之适应市场需要，满足人们的消费需求，提高保种企业整体经济效益。然后提高对保护泰和乌鸡种质资源重要性的认识，积极扶持泰和乌鸡种质资源保种单位或企业，配备专业的育种人才，加大提纯复壮力度，组建一定规模的家系，形成“金字塔”式的泰和乌鸡良种繁育体系。最后推行“统一供种，分散饲养”的管理模式。在县域范围内指定1～2家原种泰和乌鸡养殖场作为统一供种基地，种源供种单位要与泰和乌鸡产业办公室签订种质资源保护责任状。

5. 培育龙头企业，组建乌鸡产业发展集团

通过整合兼并、内引外联、招商引资的办法，着力发展壮大一批龙头企业，与农户结成利益共享、风险共担的产业利益共同体，发挥生产与销售对接的市场主体作用，以实现龙头企业、中介经济组织、农户三大要素经济效益“三赢”。通过龙头企业带动，初步形成“散户+大户+专业合作社+基地+公司”的农工商一体化、产加销一条龙的产业链发展体系。帮助本地龙头企业上规模、上档次，做大做强，发展升级市级龙头企业成为省级、国家级龙头企业，形成围绕龙头建基地、依靠龙头带基地、特色产品基地的格局，确保泰和乌鸡系列产品能够占领省内外市场，并参与国际市场竞争。与此同时，各级部门要加大招商引资力度，吸引各种资本进入泰和乌鸡产业各个环节，组建产业联盟，带动产业立体发展，进一步促进泰和乌鸡产业化经营。

6. 加大宣传力度，保护并弘扬泰和乌鸡品牌

一是充分利用各种宣传媒体结合泰和乌鸡发展的悠久历史，以及泰和乌鸡药用价值、营养价值等方面对原种泰和乌鸡进行正确合理的宣传，为消费者建立市场信心。充分利用电视、网络等媒体，多角度、多形式宣传泰和乌鸡品牌特色；还可设置永久性广告牌，并鼓励加工企业在北京、上海、深圳等大城市加大广告投放量，提高泰和乌鸡及其系列产品的知名度。二是组织企业参加一些在全国有一定影响力的交易会、展销会、博览会，鼓励企业主动出击，加强跨区域合作，积极参加国际、省际的经济、文化交流活动；还可通过引进国内大集团建设泰和乌鸡特色小镇，打造集泰和乌鸡历史文化旅游、休闲、美食与武山自然风光交相辉映的品牌、品质、品味宣传平台。三是强化平台建设，可以通过建立泰和乌鸡官方网站，搭建泰和乌鸡综合性信息化服务平台，提供品牌与产品追溯、电子商

务、价格信息、公共营销、技术支持等服务，并定期发布泰和乌鸡产业等相关信息，凸显泰和乌鸡的品牌优势。

打造成功品牌的前提是要解决“卖什么”和“卖给谁”的问题。其中，“卖给谁”要解决的是市场定位的问题。市场上现在充斥着各种类型的功能保健产品或者是功能保健食品的加工原料，质量参差不齐，在很多功效方面都有交叉点和重合点。如何在众多同质产品中脱颖而出，更有效地巩固或者拓展相应的战略性目标市场，牢牢把握行业竞争的主动权是决定泰和乌鸡产业品牌成败的关键要素。

7. 加大打假力度，确保泰和乌鸡产品质量

加大泰和县内乌鸡市场清理整顿力度，对那些从外地购进鲜蛋冒充泰和乌鸡蛋的企业和个人坚决予以打击，对国道、高速公路旁边的鲜活泰和乌鸡销售市场进行整顿，设立专门的正宗泰和乌鸡销售窗口；切实维护“泰和乌鸡”商标的专用权，对那些使用杂交乌鸡的药厂、保健品厂、酒厂，特别对那些根本不是从泰和采购乌鸡做原料的生产企业，如果其产品说明或标识有“泰和乌鸡”字样的，要采取法律手段予以治理，并在各类媒体上公布打假成果，震慑造假人员，达到宣传、保护目的；利用现代科技建立辨别真伪系统和平台，例如，在商品上添加二维码，消费者可以通过扫描二维码识别产品信息及真伪，也有利于产品的溯源，让消费者更放心。

8. 着力产品研发，提高泰和乌鸡产品附加值

泰和乌鸡营养丰富，肉质细嫩，鲜味强，一直被列为营养珍品。由于泰和乌鸡在低端消费市场不占价格优势，但作为药用、营养保健品则大有前途。因此，可以在泰和乌鸡的营养保健、药用价值上做文章，采取与科研院所强强联合的方式，利用科研院所的人才、设备和专业技术优势，着力从泰和乌鸡与泰和乌鸡蛋等方面进行研发、测定，按照“开发一代、利用一代、储备一代”的原则，不断丰富深加工产品的种类，将产品做精做细，开发出新的高附加值泰和乌鸡营养保健、药用等系列产品，带动泰和乌鸡及其他衍生产品的消费，促进整个泰和乌鸡产业链的振兴。

7.4 小　结

泰和乌鸡产业具有广阔的前景，大有发展的空间，目前泰和乌鸡产业发展已初具规模，但由于基础设施落后、产品科技含量不高、销售模式单一、侵权严重等问题，泰和乌鸡的发展难以有重大突破。因此，泰和乌鸡产业应建立符合市场

要求、利于技术创新、推进科技成果转化的现代管理体制。泰和乌鸡产业的支撑只有从多方面着手，通过技术创新、科学规划、分步实施，合理布局，才能培育具有泰和特色的泰和乌鸡产业带，促进泰和乌鸡产业的可持续发展。

参考文献

范玉庆, 胡明绪, 陈听冲, 等. 2012. 泰和乌鸡产业化发展思路与对策. 江西畜牧兽医杂志, (2): 18-20.

范玉庆, 罗嗣红, 陈听冲. 2017. 发挥泰和乌鸡资源优势 激发产业发展新动能. 江西农业, 2017, (24).

范玉庆, 肖信黎. 2017. 关于加大泰和乌鸡种质资源保护的几点建议. 江西畜牧兽医杂志, (3): 15-16.

范玉庆, 薛文佐, 陈锐, 等. 2015. 对泰和乌鸡产业的调查与思考. 江西畜牧兽医杂志, (3): 19-20.

范玉庆, 袁邦彬, 肖信黎. 2018. 泰和县泰和乌鸡产业集群的发展规划与推进举措. 江西畜牧兽医杂志, (1): 36-38.

罗宇鑫. 2015. 泰和乌鸡产业化发展战略及其对策研究. 南昌: 江西财经大学.

肖阳英, 张学恕. 2002. 泰和乌鸡走产业化之路. 农经, (1): 22-23.

第 8 章　泰和乌鸡养殖技术规范

泰和乌鸡以其药用、滋补、观赏价值闻名于世。目前，消费者生活水平不断提高，其市场需求量日益增加，乌鸡养殖场及农村养殖专业户越来越多。由于泰和乌鸡体型小、抗病力差等原因，泰和乌鸡养殖过程中仍需遵守必要的技术规范。

8.1　泰和乌鸡种蛋的孵化技术操作规程

鸡为卵生生物，世代周期短，生产性能好，产蛋率高，种蛋的孵化工作受环境及季节变化影响较大，并且对工作人员的技术要求较高。在孵化过程中，影响孵化率的因素有很多，种蛋的品质起决定作用，孵化条件则直接影响孵化效果，因此，孵化时应根据胚胎的发育情况严格控制温度、湿度等孵化条件。

8.1.1　孵化器及孵化室消毒

入孵前一周对孵化室（图 8.1）、孵化器进行清洁消毒，屋顶、地面各个角落清扫干净，通常采用发烟熏蒸法，放入消毒室、消毒柜或以塑料薄膜裹覆后置于蛋架上进行消毒。一般在 20～25℃条件下，将福尔马林溶液按 30 mL/m^3 盛于陶瓷容器中，再加入 15 g 高锰酸钾，熏蒸 30 min。若在孵化器内进行种蛋消毒，应将消毒盘置于孵化器内架下方，并保持密闭条件，消毒后通风驱除异味。需注意的是，入孵 12～96 h 为消毒危险期，处于此时的种蛋不可进行消毒。

图 8.1　孵化室

8.1.2　试机、定温、定湿

在开始孵化前，应全面检查孵化器，查验孵化器的风扇、电热丝、红绿指示灯和翻蛋装置能否正常工作，各部分的配件是否完整。若发现问题，须及时彻底解决，然后重新试温湿度，使孵化器内达到所需要的温度和湿度，才可正式进行孵化。

8.1.3　种蛋的选择

应选择开产 3 周后母鸡所产的新鲜种蛋（图 8.2），因为产蛋初期、末期的种蛋蛋形过长，不宜入孵。保存时间最好在 7 天以内，最多不能超过两周，保存温度最好是 10～15℃。蛋壳应结构致密且无裂缝，表面光滑清洁。蛋呈椭圆形，蛋形指数为 1.32～1.39 的种蛋孵化效果最佳，蛋形过圆或过长的种蛋不宜孵化。入孵时间一般在下午 4～5 点或晚上 12 点后，有利于白天出雏。

图 8.2　泰和乌鸡种蛋

8.1.4　种蛋的消毒

选好的种蛋，必须经过消毒才能入孵。通常采用新洁尔灭溶液消毒法，原液为 5%溶液，使用时加水配成浓度为 0.1%的溶液，用喷雾器喷在种蛋表面或浸泡 10 min 取出。

8.1.5　孵化

1. 温度

温度是影响孵化效果的最主要因素，温度低于 26.6℃或高于 40.6℃时，胚胎均不能发育。适宜的温度范围为 38.2～39.0℃。若是分批入孵则采用恒温孵化，“老蛋带新蛋”，孵化温度一般为 37.8℃，根据季节变化略有差异。若是整批入孵则采用变温孵化，根据胚胎不同发育阶段而改变孵化温度。其原则上按“前期高，后期低”进行孵化，即孵化初期温度稍高，中后期相应降低。

温度忽高忽低对胚胎的发育有不良影响，孵化时事先设定好温度，孵化过程中每半小时记录一次温度，观察温度变化情况，若温度波动超过 0.5℃应立即调整孵化器的温度，以保证温度的平稳。孵化用温度计应事先校正准确。孵化室的温度也会影响机器的温度，孵化室的温度应平稳保持在 24～26℃为宜。

2. 湿度

湿度对胚胎的发育影响很大。湿度较低时，蛋内的水分蒸发快，胚胎发育会受到影响，胚胎易与胎膜粘连，使孵出的雏鸡瘦小干瘪，毛短、毛稍发焦并粘有蛋壳膜；若湿度太高，则蛋内的水分不能正常蒸发，也会影响胚胎的正常发育，孵出来的雏鸡肚大发胀、无精打采、少气无力。

一般要求孵化器内的相对湿度为 60%～80%，按“两头大，中间小”的要求进行调整，即在种蛋入孵后 1～7 天时，相对湿度保持在 55%～60%；在 8～18 天时，保持在 50%～55%；在 19～21 天时，稍提高相对湿度，保持在 60%～70%。在孵化过程中每四小时进行一次湿度检查，如果湿度过低，可增加添水量；如果湿度过高，则应减少添水量或水盘量。为避免蒸发面积的减小，出雏时应及时清除水盘中的绒毛，加水时水温为 45～50℃，孵化室内的湿度会影响机内的湿度，因此，孵化室内保持相对湿度在 60%～70%为宜。湿度过高时，可加强室内通风，散发水分，降低湿度；湿度过低时，可通过在地面洒水增加湿度。

3. 通风换气

通风换气可保持孵化器中空气新鲜，减少二氧化碳，补充氧气，有利于胚胎正常发育。一般来说，孵化前期，胚胎仍处于发育前期，可以从蛋内得到氧气，需氧量少，可关闭孵化器部分进、出气孔，定时换气，每天两次，每次三小时即可，有助于孵化器温度上升并保持稳定。随着胚龄的增加，或是采用连续孵化器内有各期胚胎时，在孵化过程中进、出气孔应逐渐加大，到 17 天胚龄后，特别是孵化器内有胚胎破壳出雏时，可全部打开进、出气孔，保持持续换气，否则，正在破壳的胚胎或已出壳的小鸡可能会被闷死。

换气时进、出气孔的开闭情况与季节有关，夏季气温高，孵化器内温度也容易升高，应当把进、出气孔全部打开，其他季节气温较低，特别是冬季，换气时应注意保持孵化器内的温度。

4. 翻蛋

入孵后的种蛋必须进行翻动，翻蛋可以帮助胚胎变换位置，以免胚胎和蛋壳粘连。入孵后，每天定时翻蛋，通常每两小时翻动一次，须保持平稳均匀，翻动角度为 90°。

5. 凉蛋

种蛋在孵化到中后期（约 17 天以后），脂肪代谢增强，产生大量的热，种蛋自温急剧升高，需要每天凉蛋两次。凉蛋可以降低孵化器内的温度，通过空气流通排除蛋内污浊的气体。同时较低的温度可以刺激胚胎发育，增强雏鸡对外界气温的适应能力。凉蛋时，将孵化器的电源切断，正常转动风扇并打开机门。

凉蛋的时间应根据季节及胚胎发育阶段来决定。寒冷季节及胚胎发育初期凉蛋不宜次数太多、时间过长，否则容易使胚胎受凉，每次凉蛋时间为 5～15 min 为宜。高温季节及胚胎发育后期应适当增加凉蛋次数，凉蛋时间可延长至 30～40 min。凉蛋时间也与蛋的温度有关，眼皮试温，即以种蛋贴眼皮，感到微凉时（此时约为 30℃），应该停止凉蛋。

6. 照蛋

在孵化过程中为了解胚胎的发育情况，把无精蛋、死胚蛋及时拿出来，一般要进行三次照蛋。

第一次照蛋一般在种蛋入孵后 5～6 天进行。主要是检查种蛋的受精情况，及时清除无精蛋和死胚蛋。蛋内较亮、无血丝的为无精蛋。蛋内有黑点，其外围有血圈、血条的为死胚蛋。蛋内颜色变红，黑点周围有蛛网状血管分布，蛋黄下沉的为正常受精蛋。

第二次照蛋一般在入孵后 14 天进行。胚胎发育良好，变大，血管粗大而布满蛋内，尿囊在蛋的小头合拢，气室大而边界分明，照蛋时只见气室亮，其余呈暗色，而死胎蛋则周围血管模糊或无血管，蛋内浑浊，显出黑影，颜色发黄。

第三次照蛋一般在入孵 18～19 天进行，结合落盘，此时蛋内呈不透明色或呈暗色，发育良好的胚胎更大，胚胎充满蛋内，颈部突入气室，可以看到黑影在气室中闪动，气室边缘呈波浪状，近气室处可见部分血管分布，而死胎则血管模糊，近气室处发黄，与气室界限不清。

7. 落盘

种蛋入孵 18～19 天时，将其从孵化器中转移到出雏器的出雏盘内，即落盘。落盘时种蛋平码在出雏盘上，落盘蛋数不可太少，否则温度太低，会延长出雏时间；落盘时蛋数不可太多，否则不易散失热量且缺少新鲜空气，可能把胚胎热死或闷死；落盘蛋间距不可过大，否则抽盘时易互相碰撞，造成破损。

8. 捡雏

一般来说，孵化至 19.5 天时开始出雏，20 天时达到出雏盛期。出雏期应及时捡雏，通常要求每四小时捡雏一次，把绒毛已干、脐部收缩良好的雏鸡拣出来。

而绒毛未干、脐部肿胀、鲜红光亮的雏鸡，应留在出雏盘内，待雏鸡发育完好再拣。捡雏时应轻且快，同时拣出空蛋壳，并尽量避免碰破其他胚蛋。

9. 人工助产

到出雏后期，可对出壳难的雏鸡进行人工助产。将内膜枯黄、露出的绒毛干涩、雏鸡无力破壳的胚蛋轻轻拨开，分开粘连的壳膜，将其头部轻轻拉出壳外，令雏鸡自己挣扎破壳。如果胚蛋出血、壳内膜发白或有红色血管，则应立刻停止剥离。助产时应细心谨慎，要注意血管，轻轻剥离，过干时可用温水湿润后再行剥离，稍不留心，会撕断血管，造成死亡或残雏。

10. 后期清理工作

鸡蛋孵到 21 天，大部分雏鸡出壳后，应开始进行清理工作。首先将死雏和毛胚蛋拣出，否则它们会吸收附近胚胎的热量，影响胚胎的正常发育和破壳。毛胚蛋的蛋壳颜色暗沉，用手摸温度微凉，轻敲蛋壳发实音，而发育正常的胚胎颜色正常，触摸时温度较高，敲蛋壳时发出空响。可以通过照灯来判断胚胎发育是否正常，凡能活动的就是正常发育的胚胎，不摇不动的则是毛胚蛋。死雏和毛胚蛋拣出后，把剩下的活胚胎重新落盘，如果数量较少、不满一盘，可使胚胎堆尽量靠近出雏盘内角，内角温度较高，可以促使其尽快出雏。

11. 清洁卫生

孵完一批小鸡之后，须将孵化器清扫干净，以保持其清洁卫生。先把保护网、水盘、出雏盘、盘架取出，把机内壁、盘架两端及机门的绒毛掸出，再用消毒水进行消毒。取出的各种用具也要用消毒水洗刷，经紫外线照射消毒后，再放回原处。

孵化过程中还应注意以下内容：

（1）种蛋码盘时一定要使大端向上，否则胚胎得不到大端气室的空气，不能正常发育出雏。

（2）停电时应采取的措施。在孵化过程中如遇到电源中断或孵化器出故障时，要采取下列各项措施：

a）停电后，将孵化器所有的电源开关关闭。

b）入孵 10 天以内，关闭进、出气孔和机门。

c）若已入孵 10 天以上，应立即将孵化器的门打开，以驱散积热，同时做好室内保温工作。冬季气温较低，应保证孵化室内的温度保持在 27℃以上，孵化器停电后，可以人为加入热水作为孵化器热源。孵化器内温度的控制主要通过热水的体积和温度来解决，一般停电后 30 min 内将热水桶放入孵化器内，热水桶要远离种蛋，每 30 min 摇动一次风扇，以使温度均匀。此法可缓解停电后的影响。

d）孵化中后期，停电后每 15～20 min 翻蛋一次，每隔 2～3 h 将机门打开，并转动风扇 2～3 min，驱散积热，以免烧死胚胎。

e）若孵化机内有孵化至 17 天的种蛋，此时胚胎发热量大，闷在机内过久极易热死胚胎，应提早落盘。

8.2 雏鸡的饲养技术规程

雏鸡（图 8.3）是指 0～60 日龄的鸡，其抗寒能力差，应激反应大，胆小易惊，有“怕冷、怕湿、怕堆挤、怕疫病、怕脏”的特点。开始育雏时需要 35～36℃热源中心的温度，以后随着小鸡的长大，每周可以下降 2℃。当小鸡长到 6 周龄时，就可停止人工给温（但室温必须保持在 20℃以上），一般寒冷季节保温时间长一些，炎热季节短些。室内相对湿度一般维持 55%～65%为宜，饲养密度一般 1～2 周龄 50～40 只/m^2，其后每周递减 5 只/m^2。雏鸡饮水量为饲料的 2 倍，每 100 只小鸡要有一个饮水器。1 月龄内平均每只小鸡饲料 0.4 kg，雏鸡一般要求每千克饲料含代谢能 12542～12960 kJ/kg，粗蛋白含量为 20%～21%，粗纤维含量不能超过 3%。育雏是泰和乌鸡饲养过程中的关键步骤，雏鸡成活率的高低直接关系其种用价值及经济效益。

图 8.3 雏鸡

8.2.1 育雏前的准备工作

1. 清洁消毒育雏室

检查育雏室的门窗、墙壁是否严密无裂缝，如有漏水、鼠洞等问题应及时维修。

清洁鸡舍的门窗、墙壁，彻底清理地面的粪便、污物。用水浸湿鸡舍地面，用高压清洗机冲洗整个鸡舍，冲洗顺序由上至下，即从顶棚至墙壁门窗，最后冲洗地面。地面冲净晾干后，以稀释后的消毒药水（百毒杀、滴康等常规消毒药物按说明书稀释即可）喷洒顶棚、墙壁、门窗，用 2%～3%烧碱喷洒地面，干后用清水冲洗干净。鸡舍内所有用具用消毒药水浸泡 12 h，并清洗干净。随后关闭门窗采用熏蒸法对鸡舍进行消毒，熏蒸时需保证舍内相对湿度为 70%以上，温度为 10℃以上，消毒剂量为每立方米用福尔马林 42 mL 加 42 mL 水，再加入 21 g 高锰酸钾，熏蒸 24 h 后，再打开门窗通风排气后即可使用。

若采用厚垫料地面饲养法应在鸡舍熏蒸消毒前铺好垫料，垫料应因地制宜地选择干燥、无毒、吸水性强的材料，如木屑、稻壳、海砂、杨槐树叶、花生秧等，一般铺 4～5 cm，沙子可铺 6～8 cm，育雏前两周应在垫料上加盖一层麻袋。

2. 打扫周边环境

清理鸡舍周围道路的杂草、鸡粪、鸡毛、垃圾，然后冲洗道路，泼洒烧碱消毒。

3. 育雏设备检查

在进雏鸡前，应对育雏室的电路、保温设备、消毒灭菌设备进行检查，尤其是保温设备，因为保温效果的好坏直接影响雏鸡的成活率。若有问题，应及时维修，避免对雏鸡的饲养效果造成不利影响。

4. 预热

育雏前一天将育雏舍内的保温伞温度升到 35℃，育雏伞边缘区域的温度控制在 30～32℃，育雏室的温度要求达到 24℃。进雏后，随着育雏时间的增长，温度可逐渐降低。在育雏舍门口的消毒池中加好消毒药水，准备好饲料、料槽、饮水器、疫苗、药物、注射器、温度计、记录表格、备用红外线灯泡、消毒药水等。地面饲养要求水泥地面铺上 4～5 cm 的垫料（垫料要求干燥、无霉菌、无有毒物质、吸水性强），并在垫料上加盖一层麻袋（育雏至 15 日龄再揭走麻袋）。

8.2.2　挑选初生雏鸡

对初生雏鸡的挑选标准应有如下四点：

（1）血统纯正，无传染病。

（2）活泼好动，体态匀称，绒毛柔滑纤厚，两脚站立稳健无畸形，脐部收缩良好，腹部柔软平坦。

（3）眼睛明亮有神，声音响亮清脆。

（4）健雏体温较高，体重正常，握于掌中挣扎有力。

8.2.3 雏鸡进栏饲养

1. 温度

温度是决定育雏效果的重要条件，育雏期间须保持育雏室内温度稳定，忽高忽低将对育雏效果造成不利影响。育雏初期所需温度较高，第一周温度保持在35℃为宜，随着日龄的增大，之后可每周逐渐降低 2℃，约 6 周左右，温度降至与室温相同，一般为 21～22℃，雏鸡可以基本适应自然环境温度。

育雏的环境温度要有高、中、低三个差别，让雏鸡自行选择其适温带，也有利于室内空气对流。在夜间和大风降温天气应特别注意育雏室内的温度，育雏温度是否合适，可用温度计测定，温度计显示的温度只是一种参考。温度计应距离热源 50 cm 和地上 5 cm 处，立体笼养育雏，温度应挂在床网或底网以上 5 cm 处，每层温差在 0.5℃以内，更重要的是饲养员能“看鸡施温”，温度适宜则鸡群分布均匀，活动正常；温度偏低则鸡群打堆，靠近热源；温度偏高则远离热源，张嘴喘气。整个育雏期间，切忌温度忽高忽低，具体如表 8.1 所示。

表 8.1　泰和乌鸡育雏期间建议温度和相对湿度参考值

日龄/天	1～7	8～14	15～21	22～28	29～35	36～42
育雏器温度/℃	35～34	33～32	30～29	27～26	34～22	20
相对湿度/%	70	70	55～60	55～60	55～60	55～60
室温/℃	27	25	23	21	20	20

2. 湿度

育雏室内的湿度以相对湿度直观显示空气中的水汽含量，可通过干湿度计来判断。刚出壳时雏鸡体内含水量高达 76%，故一般育雏 1～14 日龄的相对湿度为 65%～70%，14 日龄以后为 55%～60%。因为室内湿度过低时，雏鸡体内大量失水，室内存在大量羽屑灰尘，易患呼吸道疾病，对其生长发育不利。而湿度过高时，室内空气不易流通，寄生虫和病原微生物的繁殖使得雏鸡健康受到威胁。随着雏鸡日龄的增长，室内易潮湿，因此育雏后期干燥的环境比潮湿的环境有利于雏鸡的健康，尤其是保持垫料的干燥。

3. 通风

适当通风可保持育雏室空气新鲜，调节室内的温度和湿度，从而促使雏鸡正常生长发育。鸡舍内鸡粪中的含氮及含硫有机物被微生物分解后将产生氨气、硫化氢等刺激性气体，雏鸡呼吸作用产生二氧化碳；对鸡舍进行熏蒸消毒时会残留甲烷。如果通风较差，容易导致上述有害气体在室内积累，含氧量降低，将会引起眼疾和呼吸道疾病，对雏鸡的生长发育造成不利影响。而通风过于频繁，可能对室内的温度和湿度造成影响，也会导致雏鸡的体质下降。

雏鸡第一周通常排泄物较少而体质虚弱，故此时以保温为主，适当开启天窗即可，通风换气的时间最好选在晴天中午，门窗打开角度应从小到大，缓慢进行，最终呈半开状即可，注意不能突然将门窗大开，冷风直吹引起气温骤降将不利于雏鸡的生长发育。通风换气时若有“穿堂风”“间隙风”，极易使雏鸡患上感冒，进而引起呼吸道疾病。冬季、初春等寒冷季节若使用火炉进行加温须注意室内一氧化碳浓度，避免雏鸡中毒导致大批死亡。如果早晨进入鸡舍时感觉臭味大，时间稍长就有刺激眼的感觉，表明二氧化碳和氨气的浓度超标，饲养员应注意经常通风，及时清除鸡舍内的粪便。

4. 光照

育雏期，雏鸡光照时光照强度要弱，光照时间要短。合理的光照能促使雏鸡适应环境，正常采食饮水，增强体质，促进体内维生素 D 的合成。幼雏通常在前 2 天进行 48 h 连续较强的光照，一般商用雏鸡从 3 日龄开始采用每天 3 h 光照、1 h 黑暗的光照制度。种用雏鸡在开放式鸡舍养殖，采用自然光照，从 3 日龄到 7 日龄，每天给予 19～20 h 光照，每周减少 2 h，逐步过渡到自然光照，即每天光照 8 h。育雏初期的光照强度，1 周龄的雏鸡按每 15 m^2 的鸡舍，在 2 m 高的位置挂一个 40 W 的灯泡。从第二周开始使用 25 W 灯泡，为使照度均匀，灯泡与灯泡之间的距离应为灯泡高度的 1.5 倍。在改变光照时间的过程中要逐渐进行，黑暗时间要防止漏光。

5. 饮水

雏鸡出生 12～24 h 后要及时饮用清洁卫生的饮水，有利于排出胎粪，调节血液循环。雏鸡到育雏舍后，按雏鸡的密度分放到育雏笼或保温伞并记录只数，将弱雏单独饲养。雏鸡出壳后第 1～4 天饮水加 5%葡萄糖和维生素 C 及恩诺沙星原粉（1 g/kg 水），饮水温度在 15℃左右，反应迟钝的、不能饮水的，用滴管进行辅助饮水。育雏期饮水不中断，饮水器采用小型饮水器，必须分布均匀合理，饮水器距地面或网面高度随日龄增大而增大，确保地面或承粪板干燥。饮水器应每天涮洗，饮水须清洁，用自来水或深井水，雏鸡饮水免疫时不能饮用带消毒药物的水。同时密切观察雏鸡饮水量的变化，有利于雏鸡早期发病的诊治，一般正常的情况下，其饮水量为进食量的 1.5 倍，炎热天气可达 2～4 倍，具体见表 8.2。

表 8.2　泰和乌鸡饮水参数值

日龄/天	饮水量/（mL/只）
1～15	5～10
16～30	10～20
31～60	20～30
61～120	30～40
120 以上	40～45

注：鸡群免疫时其饮水量按此式进行计算，即饮水量=周龄×鸡只数×9.1（mL/只）

6. 开食

一般开食时间在雏鸡出壳后 24～36 h，雏鸡饮水 3 h 后，有 60%的雏鸡有啄食表现时进行，将准备好的饲料撒在料盘里或反差大的硬纸上。开食时要按照“少喂、勤添、八成饱”的原则，每次撒喂饲料定在 20～30 min 内吃完，未食完的饲料要及时清除。喂料器具应分布均匀，饲料喂量均匀。雏鸡在 3 日龄内保证饲料不断，在育雏 4～14 日龄，每天要保证喂 6 次（即上午 2 次、下午 2 次、上半夜 1 次、下半夜 1 次）。3～4 周龄时每天 4 次，5 周龄以后每天 3 次，喂养时间应相对稳定，雏鸡随着鸡龄的增大，每天饲料消耗应逐步增加。投料时应注意喂料量，以当次吃完为准，以免饲料受污染。

7. 饲养密度

一般冬季和早春天气寒冷，饲养密度可相对高些，夏、秋季节适当降低些，每周减少 3～5 只，随着日龄的增长，单位面积所养的雏鸡数量逐渐减少。弱雏比强雏体质差，禁不起拥挤，应分群单独饲养并降低饲养密度。一般地面平养（图 8.4）1～2 周龄为 35 只/m^2，3～4 周龄为 30 只/m^2，5～6 周龄为 25 只/m^2，7～8 周龄为 20 只/m^2，9～13 周龄 15 只/m^2。立体笼养每平方米比地面养增加 15～25 只，注意饲养密度的同时，每群鸡的数量不要太大，种用的雏鸡小群养最好。通常每群放养鸡量 500～700 只，公母分栏饲养。饲养商品鸡，鸡群数稍大，一般以 1000～1200 只为宜。

图 8.4　地面平养泰和乌鸡

8. 掌握料量

正确掌握雏鸡饲料量是十分重要的，原则上根据雏鸡的生长速度计算进食量。一般按照 1～10 日龄为 5 g/（天·只），11～20 日龄为 10 g/（天·只），21～30 日龄为 15 g/（天·只），31～40 日龄为 25 g/（天·只），41～60 日龄为 30 g/（天·只），61～80 日龄为 35 g/（天·只），81～90 日龄为 45 g/（天·只）。在饲喂方法上，料桶喂养量不超过全天饲喂的总量，每天喂 3～5 次，喂料量必须每天逐步调整。

9. 加喂砂粒

砂粒采用河滩石子，每周补喂一次砂粒，选好的砂粒洗净，一般用 0.05%的高锰酸钾浸泡消毒后晒干备用，砂粒一般用料桶盛装让鸡自由采食，要求 1～4 周龄为 2.2 kg/100 只，4～8 周龄为 4.5 kg/100 只。

10. 脱温

雏鸡脱温应有个渐进的过程，开始时白天不加温，晚上保温，1 周龄的鸡群适应自然气温后，就可不再加温，雏鸡脱温的日龄要根据天气情况而定，一般春季为 36 日龄，夏季为 21 日龄，秋季为 42 日龄，冬季为 48 日龄左右。

11. 适时断喙

断喙可有效防止雏鸡因啄癖而造成伤亡。雏鸡断喙一般在 9～12 日龄进行，断喙切除部位是上喙从喙尖至鼻孔的 1/2 处，下喙是从喙尖至鼻孔的 1/3，形成上短下长的喙。作地面平养鸡种用公鸡断喙的长度为母鸡的一半，只切除喙尖锐之处，以不出血为度。断喙注意事项：断喙应尽量在凉爽时间进行，断喙前后必须增加适量维生素 K，断喙期间料槽或料桶内尽量加满饲料，免疫期间不作断喙。

12. 严格消毒

对鸡舍内外设施进行定期消毒，一般每 3 周消毒一次，并谢绝外来人员参观，凡进入育雏室内的人员需消毒处理，工具固定不能乱拿乱用。死鸡应装入塑料袋，送到离鸡舍较远的地方深埋或送到指定的消毒焚烧池内，切忌乱扔、就地解剖或就地处理。

13. 观察鸡群

饲养员首先通过喂料，观察鸡群对给料的反应、进食速度、饮水状况等，了解雏鸡的健康情况、饮水器和料糟是否数量充足，规格是否合适，有需要更改的应及时补充调整；发现病、弱、残鸡应及时剔出单独隔离饲养。通过观察鸡群的分布，了解育雏温度、通风、光照等是否适宜，发现问题应及时解决；观察粪便颜色是否正常（正常幼雏胎粪为白色和深色，呈稀薄液体，粪便成为圆柱形、条状，表面有白色尿盐沉着），发现异常及时告知技术员。注意防止老鼠或其他动物骚扰鸡群，笼养经常检查有无雏鸡卡住脖子、翅膀、脚的现象。若有跑出笼的鸡要及时抓回笼内，承粪板的粪便及时清除干净。

14. 严防中毒

治疗和预防疾病时，正确计算用药剂量。大量投药时，药物与饲料必须搅拌均匀，要将药物与少量饲料拌匀，再按比例逐步扩大到使用含量，如剂量过大或混料不匀，则会造成药物中毒。

8.3 育成鸡的饲养技术规程

1. 育成鸡的饲养管理

从 61 日龄开始到 150 日龄的鸡称为育成鸡（图 8.5）。在育成鸡饲养过程中，应注意以下几点。

1）控制适当的营养水平

正常情况下饲料的营养水平为：代谢能 11288 kJ/kg、粗蛋白 15%～17%、钙 0.6%、有效磷 0.4%、食盐 0.35%。

2）保持适当密度

每群以 200～300 只为宜。密度应为每平方米：8～9 周龄为 18～20 只，10～12 周龄为 16～18 只，13～16 周龄为 12～14 只，17～20 周龄为 8～10 只。

3）做好转栏工作

雏鸡 8 周龄后将进入育成期。

4）饲料

育成鸡每天仅采食 50～60 g 饲料，日粮粗纤维含量不能超过 5%，对种用母鸡可适当限喂，采用低能低蛋白的饲料。但从 20 周龄开始则应增加营养水平，为产蛋打下基础。

育成鸡的饲养管理要点是使育成鸡有符合本品种相应的生长速度，在育成末期有适宜的体重和良好的均匀度，并在 22～24 周龄达到性成熟。

图 8.5　育成鸡

2. 分群

泰和乌鸡饲养到 13 周龄，应进行分群。选择优良的个体，可按公母比例 1∶10 进行搭配，实行公、母鸡分栏饲养，不符合标准的作商品鸡处理。

3. 体重控制

育成期的关键是控制育成鸡开产体重和性成熟体重，使其在本品种要求范围内。泰和乌鸡的开产体重一般为 0.8～1.0 kg。为掌握鸡群的平均体重，一般在 8 周龄开始每周进行称重，抽样称重方法：平养抽取 5%鸡只数，每次不少于 50 只，笼养抽取 1%。若为平养，抽样时采用对角线先选取两点随机将鸡围起来，所围鸡数应接近计划数，然后用已校对准确的秤称重，做好个体记录。若为笼养，抽样时则随机抽一排笼子的泰和乌鸡群的 1%，每只鸡都称重，以后每次称重都必须称同一笼鸡，将称重结果计算出平均体重、均匀度，并与标准体重比较，以决定下周的饲料量是否限制饲喂。若需进行限制饲喂一般在 8～9 周龄开始限饲，16～18 周龄结束。

4. 提高均匀度

鸡群的均匀度是反映鸡群的优劣及鸡只生长和发育是否一致的标准。良好的鸡群在育成末期均匀度达到 80%以上。若均匀度低于 70%，应调整鸡群，根据体重大小把鸡群分成大、中、小三等，针对不同情况给予不同的饲料量，使鸡群发育整齐，提高其均匀度。

5. 逐步脱温换料

转群时，特别是冬季，应在转移鸡群前 5 天逐渐降低鸡舍温度，避免太大温差，脱温应逐步进行，保持每周降低 2℃直到室温。一般育成鸡最适宜的温度为 18～20℃，防止鸡群扎堆压死鸡，新转群的鸡需喂 1 周左右的鸡料，然后每天加入一定比例的大鸡料（后备鸡料），逐步换成大鸡料，使其对新饲料有 3～5 天的适应和调节过程。

6. 光照调节

生长期育成鸡的重点是光照，直接影响鸡只性成熟。育成鸡的光照原则是光照时间只能逐渐增加或恒定。从 5 月 4 日至 8 月 25 日孵出的小鸡，17 周龄以前均采用自然光照，从 18 周龄开始每周增加 0.5～1 h 至 16 h 恒定；8 月 26 日至次年 5 月 3 日孵出的小鸡，就取白天最长这一天的光照作为育成鸡的光照时数，冬天光照不足时采用人工光照补充，持续到 17 周龄。从 18 周龄开始，每周增加 0.5～1 h 至 16 h 恒定。

7. 饲养密度

平养（图 8.6）8～10 只/m^2，笼养（图 8.7）不超过 15 只/m^2 为宜。

8. 饲喂砂料

育成鸡喂给不溶性砂粒，可提高饲料的消化率，尤其是笼养鸡只，开始 7～10 周龄，每周按 100 只鸡喂给中等大小的砂粒 450 g，11～17 周龄，每周按 100 只鸡喂给较大砂粒 700 g 左右（沙砾大小以鸡能啄食为度）。

9. 防疫

按防疫制度要求进行各项日常操作。注意事项：通风换气，及时清粪，经常洗涮饮水器、料桶，并定期消毒，保持地面干燥，鸡体干净，保证料桶内饲料不湿、不霉。

图 8.6　平养鸡

图 8.7　笼养鸡

8.4　种鸡的饲养技术规程

1. 种鸡的饲养管理注意事项

（1）种鸡的挑选：按泰和乌鸡“十大”特征进行严格挑选，选留发育良好，体质健壮，体态丰满，头部宽大，胸深脚高，立势雄壮，龙骨无弯曲，性欲旺盛，配种力强，产蛋性能好的育成鸡作为种鸡（图 8.8）。

图 8.8　泰和乌鸡种鸡

（2）种鸡的性别比及利用年限：公母按 1∶12 左右搭配，种鸡利用年限一般为 2 年，优良者可利用 3 年，一般每年更新种鸡 25%～50%。

（3）种鸡的饲养：种鸡对饲料质量要求较高，产蛋率在 30%以上时，要求日粮含粗蛋白 16%、代谢能 11615～12280 kJ/kg、钙 3.5%。产蛋率低于 30%时，日粮含粗蛋白 15%、代谢能 10870 kJ/kg、钙 3%。每天投料 3 次，自由采食，70%～78%的鸡，集中于中午 11 点至下午 1 点半产蛋，这段时间不宜投料，公鸡多在下午配种。

（4）满足营养需要：在产蛋期间，应根据产蛋的多少，及时调整饲料中粗蛋白的含量。一般日粮中粗蛋白含量为 16%左右，钙含量达到 3%左右，除了增加蛋白质和矿物质饲料外，还必须供给充足的青绿饲料，补充禽用多种维生素。同时，要让鸡多喝水，一般正常情况下，鸡吃 1 kg 饲料，大约要喝 2 kg 水。

（5）严格控制光照时间：母鸡开产后，光照时间只能延长，不能缩短，产蛋鸡增加光照，由少到多应慢慢增加，对光照的要求每天 14～16 h 为最好。如果自然光照不够，必须用灯光来补充光照时间。补充光照时间的方法可分为每天早晨补充或每天晚上补充和每天早晚定时补充。

（6）注意温度、湿度和通风换气：种鸡产蛋期较适宜的温度为 10～25℃，最适宜的温度为 12～20℃，鸡舍的相对湿度以 55%～65%为宜。

2. 种鸡转群

留作种用的鸡到 20 周龄，生殖器官发育成熟，开始进入产蛋期，需要转入专门的种鸡产蛋鸡舍。

1）转群前的准备

（1）清洁消毒鸡舍：进鸡前 2 周须做好鸡舍的清洁工作，用高压清洗机冲洗屋顶、鸡笼、墙壁、门窗、走道、饲料间等，对料槽和饮水器等进行清洁消毒，最后用消毒液喷洒整个鸡舍。

（2）检修鸡舍设备：进鸡前对鸡舍建筑和各种设备进行彻底检修，尤其是电器设备，给排水系统，照明系统，喂料、清粪设备等要逐一进行检修。

（3）其他设备工作：一些常用器具、记录本、常用消毒剂等要事先准备好。

（4）饲喂量：饲料的数量按每只鸡每天 75 g 准备。

2）转群

转群对鸡有较大的刺激，转群时要注意尽可能减少刺激。

（1）转群时间：转入种鸡舍或种鸡笼的时间一般在 18～20 周龄，以 125 天为宜。

（2）转群注意事宜：一是，选择合适的天气转群。冬季选择中午，夏季选择早晨或晚上。二是，参与转群的人员、车辆、笼具等要严格消毒。抓鸡动作要点正确，以抓鸡的两条腿的胫部为好，轻抓轻放。三是，转入种鸡舍或种鸡笼的种鸡必须符合“十大”特征。体重等标准应符合泰和乌鸡标准，剔除不合格和无饲养价值的伤残病鸡。四是，分类入笼（舍），在严格上述标准的同时，将体重相对比较小的鸡集中放置，以便今后单独饲养，采用乳头式饮水器的应尽快教会母鸡饮水。五是，平养时公鸡按 1：（10～15）投放母鸡群中，最好在夜间投放，以减少争斗，笼养按公母比例 1：20 选留公鸡。

3. 饲养密度

地面平养的按 10～8 只/m^2 进行放置，一般按 200～400 只一群，全阶梯个体笼饲养实行一笼一鸡。

4. 环境控制

适宜的环境有利于种鸡潜力的发挥和提高饲料转化效率，也是保证供给鸡群健康的基本要求。

1）温度

温度对泰和乌鸡的生长、产蛋、蛋重、蛋壳质量、受精率与饲料转化效率都有明显影响。种鸡饲养的最佳温度是 18～23℃，但是饲料转化效率最高的温度是 27℃，10～27℃为适宜温度，一般情况下不低于 10℃或不高于 32℃。应设法升温或降温，过高或过低都会产生刺激。冬季要关闭好门窗，适当控制通风量采取防寒保湿措施；夏季主要通过加大通风和地面浇水等方法来降温。此外注意不断供应干净冷水，安排在清晨凉爽的时候饲喂。由于天气炎热采食量减少，应调整饲料中蛋白质、氨基酸、维生素和微量元素的含量，大约增加 10%，以保持鸡只采食足够的营养物质。

2）湿度

种鸡适宜的相对湿度为 50%～55%。泰和县处于赣中南吉泰盆地，湿度不宜偏大，实际生产中，只要环境湿度适宜，可把相对湿度控制在 40%～75%。

3）通风

通风应遵循的五个原则为提供新鲜空气、排除废气、控制温度、控制湿度和排除尘埃。排风扇和吊扇一般在夏季白天开，春秋中午开，冬季临时开；排风扇和吊扇要经常清洗保养，排风时，排风扇附近的窗户应处于关闭状态，以免形成气流短路。

5. 产蛋前的管理

1）增加光照

产蛋期增加光照，应采用缓慢增加、逐渐到位的方法进行。产蛋期的光照原则是每天光照时间只能延长或保持不变，绝不能缩短，21 周龄的种鸡在 13 h 光照基础上每周递增 1 h 光照，直到每日达 16 h 固定下来至产蛋结束。其光照方案：早晨 7 点开灯，上午日出关灯，下午日落开灯，晚上 11 点再关灯。鸡舍光线很暗时也要开灯，光照强度为 6～10 lx。实际操作中每隔 3 m 安装一盏 40～60 W 的电灯泡，高度为离地面 2 m 左右，并经常擦干净灯泡，以保证光照强度要求。

2）更换种鸡料

一般在产蛋前，喂 2～4 周的过渡料，在其产蛋率达 5%时全部更换成种鸡料，过渡料含钙量达 2%左右，粗蛋白含量为 16%～17%。

6. 产蛋期的饲养

1）产蛋鸡的限制饲喂

产蛋高峰之前采用自由采食，高峰之后 2 周开始限制饲喂即每 100 只每天减少给料量 200 g，连续 3～4 天。如果饲料减少未使产蛋量出现异常下降，则继续使用这一料量，然后再尝试类似的减量。如果产蛋量出现异常下降，则恢复到这次减量前的水平。

2）维持一定的体重

要达到较高的产蛋率，必须保持合适的成年体重，一般为 1000～1300 g。在寒冷季节，要进行限饲或降低饲料营养浓度；在炎热季节，鸡的采食量减少，体重易出现偏轻，一方面可延长采食时间和增加采食量，另一方面提高主饲料营养浓度。

3）减少饲料的浪费

浪费饲料就是浪费金钱。饲料浪费量占饲料量的 10%左右，主要有以下几个方面：加料过程中撒落的饲料；饲槽不合理或破损；环境温度不合适；老鼠偷吃和发霉变质等，应采取相应措施解决。

4）产蛋种鸡的饮水

通常在相同温差下，随着日产蛋率的升高，饮水量也随之增加。特别是炎热天气饮水量大增，一般情况下不要限制饮水，特别是夏季储备足够的饮水。一般每天每只的饮水量为 200～300 mL。每周必须清洗贮水箱一次，确保饮水卫生。

5）减少破蛋的措施

一是，经常检查蛋槽是否出现变形变曲、开焊、断裂等问题并及时修复；二是，蛋槽已有蛋存在，后产的蛋在滚下时与其相撞而破损，应增加捡蛋次数；三是，尽量避免鸡的应激，如外来人员参观，防止野兽、鸟类进入鸡舍，产蛋期避免或减少疫苗接种；四是，捡蛋放蛋、运蛋过程中应轻拿轻放，装蛋不能过多。如果蛋壳质量差，应检查所用饲料是否存在质量问题，钙磷比例和含量是否合适，有无维生素、微量元素缺乏等问题，同时做好防暑降温工作，确保空气清新等环境条件，适宜种鸡产蛋。

6）做好生产记录

日常管理中如死亡数、产蛋量、饲料消耗、舍温、防疫等项目都需每天记载。

8.5　泰和乌鸡产地检疫规范

1. 主题内容与适用范围

泰和乌鸡产地检疫内容和临床健康检查的技术规范。

本规范适用于离开饲养产地之前的泰和乌鸡检疫。

2. 术语

报检：泰和乌鸡及其产品出售或调运离开产地前必须提前三天向泰和县畜牧兽医局申报检疫，种用乌鸡提前十五天，因生产生活特殊需要出售、调运和携带的，随报随检。

疫区：在发生严重的或当地新发现的动物传染病时，由县以上农牧行政部门划定，并经同级人民政府发布命令，实行封锁的地区。

3. 疫情调查

了解当地疫情，确定动物是否来自疫区。

4. 查验免疫证明

检查按国家或地方规定必须强制预防接种的项目，如禽流感免疫证明，且泰和乌鸡必须处在免疫有效期内。

5. 临床健康检查

1）泰和乌鸡的群体检查

（1）静态。

检查精神状况、“十大特征”、营养摄入情况、立卧姿势、呼吸、羽、冠、髯。

（2）动态。

检查运动时头、腿的运动状态。

（3）食态。

检查饮食、吞咽时反应状态。同时应检查排便时姿势，粪尿的质度、颜色、含混物、气味。

（4）记录。

检查饲养日志（包括饲养计划申请表、用药记录、死亡记录、免疫记录、饲料记录、消毒记录、销售记录等）。

2）泰和乌鸡的个体检查

个体检查包括群体检查时发现的异常个体或抽样检查（5%～20%）的个体。

（1）视诊。

检查精神外貌、营养状况、起卧运动姿势、泰和乌鸡专用脚标，以及皮肤、羽毛、冠、髯、粪、尿等。

（2）触诊。

触摸皮肤温度、弹性，腹部敏感性，嗉囊内容物性状。

（3）叩诊。

叩诊胸、腹部敏感程度。

（4）听诊。

听叫声、咳嗽声、肺泡气管呼吸声等。

（5）检查体温、呼吸数。

（6）检查渗出物、漏出物、分泌物、病理性产物的颜色、质度、气味等。

注：种用、实验用泰和乌鸡按有关规定进行实验室检验，本标准中不另作规定。

6. 符合下列条件的，需要出具动物产地检疫合格证明

（1）来自非疫区，有合格免疫证（免疫在有效期内）；

（2）群体和个体临床健康检查合格；

（3）未达到健康标准的种用泰和乌鸡，除符合上述条件外，必须经实验室检验合格。

7. 其他

在产地检疫中检出泰和乌鸡传染病时，按有关兽医法规处理。

8.6　泰和乌鸡饲养兽药使用准则

下列术语和定义适用于本准则。

1. 兽药

用于预防、治疗和诊断畜禽等动物疾病，有目的地调节其生理机能并规定作用、用途、用法、用量的物质（含药物饲料添加剂）。

包括：血清菌（疫）苗、诊断液等生物制品；兽用的中药材、中成药、化学原料及其制剂；抗生素、生化药品、放射性药品。

1）抗菌药

能够抑制或杀灭病原菌的药物，包括中药材、中成药、化学药品、抗生素及其制剂。

2）抗寄生虫药

能够驱除或杀灭动物体内外寄生虫的药物，包括中药材、中成药、化学药品、抗生素及其制剂。

3）疫苗

由特定细菌、病毒、立克次氏体、螺旋体、支原体等微生物及寄生虫制成的主动免疫制品。

4）消毒防腐剂

用于杀灭环境中的病原微生物、防止疾病发生和传染的药物。

5）药物饲料添加剂

为了预防、治疗动物疾病而掺入载体或稀释剂的兽药的预混物，包括抗球虫药类、驱虫剂类、抑菌促生长类等。

2. 休药期

食品动物从停止给药到许可屠宰或它们的产品（乳、蛋）许可上市的间隔时间。

3. 最高残留限量

对食品动物用药后产生的允许存在于食物表面或内部的该兽药残留的最高量/浓度（以鲜重计，表示为 mg/kg，或 μg/kg、μg/L）。

4. 使用准则

泰和乌鸡饲养者应供给动物适度的营养，所用饲料和饲料添加剂应符合《饲料和饲料添加剂管理条例》、《无公害食品　畜禽饲料和饲料添加剂使用准则》（NY 5032—2006）的规定，饲养环境应符合《畜禽场环境质量标准》（NY/T 388—1999）的规定，按照《无公害食品　家禽养殖生产管理规范》（NY/T 5038—2006）加强饲养管理，采取各种措施减少刺激，增强机体自身的免疫力；应严格按照《无公害食品　蛋鸡饲养兽医防疫准则》（NY 5041—2001）的规定做好预防，防止发病和死亡，及时淘汰病鸡，最大限度地减少药品的使用。必须使用兽药进行鸡病的预防和治疗时，应在兽医指导下进行。应先确定致病菌的种类，以便选择对症药品，避免滥用药物。所用兽药应符合《中华人民共和国兽药典》（二部）、《中华人民共和国兽药规范》（二部）、《兽药质量标准》、《进口兽药质量标准》和《中华人民共和国兽用生物制品质量标准》的有关规定。所用兽药应产自具有兽药生产许可证并具有产品批准文号的生产企业，或者具有进口兽药登记许可证的供应商。所用兽药的标签应符合《兽药管理条例》的规定。使用兽药时，还应遵循以下原则。

（1）允许使用消毒防腐剂对饲养环境、畜舍和器具进行消毒，应符合 NY/T 5038—2006 的规定。

（2）应使用疫苗预防肉鸡疾病，所用疫苗应符合《中华人民共和国兽用生物制品质量标准》的规定。

（3）允许使用《中华人民共和国兽药典》（二部）、《中华人民共和国兽药规范》（二部）中收载的适用于鸡的中药材、中药成方制剂。

（4）允许使用《中华人民共和国兽药典》、《中华人民共和国兽药规范》、《兽药质量标准》和《进口兽药质量标准》中收载的营养类、矿物质和维生素类药。

（5）允许使用国家兽药管理部门批准的微生态制剂。

（6）允许使用附录中所列药物，注意事项如下。

a）使用表 A.1 所列的药物饲料添加剂，应严格遵守规定的用法、用量和休药期。

b）允许在兽医指导下使用表 A.2 所列的抗菌药和抗寄生虫药，但应严格遵守规定的作用与用途、给药途径、使用剂量、疗程和休药期。

c）两表中未规定休药期的药物，为保证屠宰后鸡组织中的兽药残留符合限量规定，应停药 28 天后再屠宰供食用。

d）使用两表所列药物时应注意配伍禁忌；抗球虫药应以轮换或穿梭方式使用，以免产生抗药性。

（7）建立并保存鸡群免疫程序，患病与治疗记录：包括所用疫苗的品种、剂量和生产厂家，发病时间及症状，治疗用药的商品名称和有效成分，治疗时间、剂量、疗程及停药时间等。记录应在清群后继续保存2年。

（8）禁止使用有致畸、致癌、致突变作用的兽药。

（9）禁止使用会对环境造成严重污染的兽药。

（10）限制使用人畜共用药，主要是青霉素类和喹诺酮类的一些药物。

（11）禁止使用影响动物生殖的激素类或其他具有激素作用的物质及催眠镇静类药物。

（12）禁止使用未经国家畜牧兽医行政管理部门批准的用基因工程方法生产的兽药。

8.7　泰和乌鸡饲养饲料使用准则

1. 饲料原料

（1）感官要求：应具有一定的新鲜度，具有该品种应有的色、嗅、味和组织形态特征，无发霉、变质、结块、异味及异嗅。

（2）饲料原料中有害物质及微生物允许量应符合《饲料卫生标准》（GB 13078—2017）的要求。

（3）饲料原料中含有饲料添加剂的应做相应说明。

（4）制药工业副产品不应用作泰和乌鸡饲料原料。

2. 饲料添加剂

（1）感官要求：应具有该品种应有的色、嗅、味和形态特征，无发霉、变质、异味及异嗅。

（2）有害物质及微生物允许量应符合《饲料卫生标准》（GB 13078—2017）及相关标准的要求。

（3）饲料中使用的营养性饲料添加剂和一般性饲料添加剂产品应是《允许使用的饲料添加剂品种目录》所规定的品种，或取得试生产产品批准文号的新饲料添加剂品种。

（4）药物饲料添加剂的使用应按照《药物饲料添加剂使用规范》执行。

（5）氨苯砷酸和洛克沙胂不应用作泰和乌鸡饲料添加剂。

（6）饲料中使用的饲料添加剂产品应是取得饲料添加剂产品生产许可证的正

规企业生产的、具有产品批准文号的产品。

（7）饲料添加剂产品应遵照产品标签所规定的用法、用量使用。

3. 配合饲料、浓缩饲料和添加剂预混合饲料

（1）感官要求：应色泽一致，无发酵霉变、结块及异味、异嗅。

（2）有害物质及微生物允许量应符合《饲料卫生标准》（GB 13078—2017）及相关标准的要求。

（3）产品成分分析保证值应符合标签中所规定的含量。

（4）泰和乌鸡配合饲料、浓缩饲料和添加剂预混合饲料中不应使用违禁药物。

4. 饲料加工过程

（1）饲料企业的工厂设计与设施卫生、工厂卫生管理和生产过程的卫生应符合《饲料企业 HACCP 安全管理体系指南》（GB/T 23184—2008）的要求。

（2）配料。

a）定期对计量设备进行检验和正常维护，以确保其精确性和稳定性，其误差不应大于规定范围。

b）微量和极微量组分应进行预稀释，并且应在专门的配料室内进行。

c）配料室应有专人管理，保持卫生整洁。

（3）混合。

a）混合时间，按设备性能不应少于规定时间。

b）混合工序投料应按先大量、后小量的原则进行。投入的微量组分应将其稀释到配料秤最大量的 5%以上。

c）生产含有药物饲料添加剂的饲料时，应根据药物类型，先生产药物含量低的饲料，再依次生产药物含量高的饲料。

d）同一班次应先生产不添加药物饲料添加剂的饲料，然后生产添加药物饲料添加剂的饲料。为防止加入药物饲料添加剂的饲料产品生产过程中的交叉污染，在生产加入不同药物添加剂的饲料产品时，对所用的生产设备、工具、容器应进行彻底清理。

（4）制粒。

更换品种时，必须用少量单一谷物原料清洗制粒系统。

（5）留样。

a）新接收的饲料原料和各个批次生产的饲料产品均应保留样品。样品密封后留置专用样品室或样品柜内保存。样品室和样品柜应保持阴凉、干燥。采样方法按《饲料 采样》（GB/T 14699.1—2005）执行。

b）留样应设标签，载明饲料品种、生产日期、批次、生产负责人和采样人等

事项，并建立档案由专人负责保管。

c）样品应保留至该批产品保质期满后 3 个月。

5. 检测方法

（1）饲料采样方法：按《饲料 采样》（GB/T 14699.1—2005）执行。

（2）粗蛋白：按《饲料中粗蛋白测定方法》（GB/T 6432—1994）执行。

（3）钙：按《饲料中钙的测定》（GB/T 6436—2018）执行。

（4）总磷：按《饲料中总磷的测定 分光光度法》（GB/T 6437—2002）执行。

（5）总砷：按《饲料中总砷的测定》（GB/T 13079—2006）执行。

（6）铅：按《饲料中铅的测定 原子吸收光谱法》（GB/T 13080—2004）执行。

（7）汞：按《饲料中汞的测定》（GB/T 13081—2006）执行。

（8）镉：按《饲料中镉的测定方法》（GB/T 13082—1991）执行。

（9）氟：按《饲料中氟的测定 离子选择性电极法》（GB/T 13083—2018）执行。

（10）氰化物：按《饲料中氰化物的测定》（GB/T 13084—2006）执行。

（11）亚硝酸盐：按《饲料中亚硝酸盐的测定 比色法》（GB/T 13085—2005）执行。

（12）游离棉酚：按《饲料中游离棉酚的测定方法》（GB/T 13086—1991）执行。

（13）异硫氰酸酯：按《饲料中异硫氰酸酯的测定方法》（GB/T 13087—1991）执行。

（14）噁唑烷硫酮：按《饲料中噁唑烷硫酮的测定方法》（GB/T 13089—1991）执行。

（15）六六六、滴滴涕：按《饲料中六六六、滴滴涕的测定》（GB/T 13090—2006）执行。

（16）沙门氏菌：按《饲料中沙门氏菌的检测方法》（GB/T 13091—2002）执行。

（17）霉菌：按《饲料中霉菌总数的测定》（GB/T 13092—2006）执行。

（18）细菌总数：按《饲料中细菌总数的测定》（GB/T 13093—2006）执行。

（19）黄曲霉毒素 B_1：按《饲料中黄曲霉毒素 B_1 的测定 酶联免疫吸附法》（GB/T 17480—2008）执行。

6. 检验规则

（1）感官要求，粗蛋白、钙和总磷含量为出厂检验项目，其余为型式检验项目。

（2）在保证产品质量的前提下，生产厂可根据工艺、设备、配方、原料等的变化情况，自行确定出厂检验的批量。

（3）实验测定值的双实验测定偏差按相应标准规定执行。

（4）检测与仲裁判定各项指标合格与否时，应考虑允许误差。

7. 判定规则

卫生指标、限用药物和违禁药物等为判定合格指标。如果检验中有一项指标不符合标准，应重新取样进行复验，复验结果中有一项不合格即判定为不合格。

8. 标签、包装、贮存和运输

1）标签

商品饲料应在包装物上附有饲料标签，标签应符合《饲料标签》（GB 10648—2013）中的有关规定。

2）包装

（1）饲料包装应完整，无漏洞，无污染和异味。

（2）包装材料应符合《饲料企业 HACCP 安全管理体系指南》（GB/T 23184—2008）的要求。

（3）包装印刷油墨无毒，不应向内容物渗漏。

（4）包装物的重复使用应遵守《饲料和饲料添加剂管理条例》的有关规定。

3）贮存

（1）饲料的贮存应符合《饲料企业 HACCP 安全管理体系指南》（GB/T 23184—2008）的要求。

（2）不合格和变质饲料应做无害化处理，不应存放在饲料贮存场所内。

（3）饲料贮存场地不应使用化学灭鼠药和杀鸟剂。

4）运输

（1）运输工具应符合《饲料企业 HACCP 安全管理体系指南》（GB/T 23184—2008）的要求。

（2）运输作业应防止污染，保持包装的完整。

（3）不应使用运输畜禽等动物的车辆运输饲料产品。

（4）饲料运输工具和装卸场地应定期清洗和消毒。

8.8 泰和乌鸡养殖基地环境与设施标准

泰和乌鸡具有悠久的饲养历史，长期以来在自然生态条件的选择下形成了独特的生物学特性。它具有适应性强，怕冷怕湿，胆小怕惊，善走喜动，食性广杂，就巢性强等特点。

泰和乌鸡养殖基地对环境的要求如下。

1. 温度

环境温度是影响鸡体热调节的主要因素，与鸡的生产性能和鸡场生产费用密切相关，尤其是开放式鸡舍，温度对不同日龄鸡群的影响也不尽相同。

泰和乌鸡的饲养环境温度要求如下：第一周为 34～35℃，第二周为 32～33℃，第三周为 29～30℃，第五～八周为 20～34℃，第九周开始为育成期，适宜温度为 20～25℃，产蛋期种鸡的最佳温度一般在 20℃左右。在适宜的温度范围内，也要根据季节的变化和鸡舍的设施状况来调控温度。一般而言，种鸡饲养的环境温度不应低于 10℃或高于 32℃，否则产蛋率将明显下降。

2. 湿度

鸡舍内湿度大小取决于空气中所含的水分和气温的高低。在一般情况下，湿度对鸡群的影响不大，但在极端的情况下或与其他因素发生作用时，会对鸡群造成严重的危害。如果鸡舍湿度过大（高温高湿或低温低湿），地面潮湿，各种微生物、寄生虫繁衍，尤其是鸡球虫病的发病率将会提高。泰和乌鸡适宜的相对湿度，一般雏鸡约为 60%，育成鸡为 55%～60%，种鸡为 50%～55%。

3. 光照

光照主要对鸡的性成熟、排卵和产蛋产生影响。光照对鸡的影响主要是光照时间与光照强度。不同时期的鸡群对光照时间的要求不同，一般光照时间安排如下：1～7 日龄光照时间 24 h；8～30 日龄光照时间 12 h；31～100 日龄光照时间 8 h；101～140 日龄光照时间 9～10 h；141 日龄开始每周增加 0.5 h，直到每天 16 h 为止。在自然光照时间不足的情况下，应用人工光照进行补充。1～14 日龄幼雏宜用 20 lx 的光照强度，14 日龄以后逐渐减低为 5～10 lx，育成期的光线暗些为好，一般以 5～10 lx 为宜。产蛋期的光照强度以 10～15 lx 为宜。

4. 通风

通风换气是调节鸡舍内空气环境的重要措施，直接影响舍内温度、湿度及空气中有害气体的浓度等。通风在不同的季节要求不同，在冬季鸡舍内应保持一定的温度，通风量不宜过大，在夏季气候炎热，为达到减少湿度使鸡体散热快并使舍内温度降低的目的，应加大通风量。鸡舍内有害气体主要是鸡群的呼吸、排泄，以及有机物的分解而产生的，对泰和乌鸡有害。

（1）氨气：主要是饲料、粪便和垫料等在温热、高湿的环境发生腐烂产生的。鸡舍内氨气浓度不得超过 20 μg/g。一般闻不到气味，人的眼、鼻感觉不到刺激，则氨的浓度就不会超过 20 μg/g。

（2）硫化氢：主要是由粪便、垫料、饲料的腐烂分解及肠内排出的气体形成的。其毒性较大，一般鸡舍内硫化氢的浓度不得超过 10 μg/g。

（3）二氧化碳：主要由鸡群呼出，无毒性，但会引起缺氧，鸡舍内二氧化碳的允许浓度为0.5%。

（4）尘埃：空气中的尘埃浓度主要取决于粪便、垫料、通风强度、气流方向、湿度、鸡的活动程度等。排除有害气体，除定期打扫鸡舍，冲洗和消毒，及时清除粪便与污水外，主要靠通风换气来解决。

5. 设施标准

鸡舍设计是养鸡场环境工程设计的主要部分，为鸡群的生长发育、产蛋创造良好的环境，为直接在鸡舍工作的人员创造良好的工作环境的工程设计。鸡舍设计的要求如下。

1）鸡舍面积适宜

鸡舍的面积大小，应根据饲养方式和密度来决定，鸡舍的跨度不宜过大，开放式鸡舍在9.5 m以内，简易鸡舍在6 m左右。

2）隔热和保湿性能好

无论哪种鸡舍，都应有隔热、保温性能良好的屋顶和墙壁，尤其是屋顶。

3）采光和通风要充足

必须能保证鸡舍内有适宜的光照和良好的空气环境。

4）牢固严密

鸡舍的屋顶或墙壁，要求没有缝隙漏洞，地面与水泥墙体牢固，所有的口、孔均安装牢固的金属网，以防野禽、老鼠等飞蹿或掏洞。

5）门和地道的结构要紧凑

一般门高2 m、宽1 m，双门高2～2.1 m、宽1.6 m；窗户需要兼顾通风和采光，一般采光系数为0.07～0.1；过道的宽狭必须考虑行人和操作方便。跨度小的平养鸡舍过道设计在北侧，宽约1.2 m；跨度大于9 m的鸡舍，过道设在中间，宽约1.5 m。笼养鸡舍的过道宽约不小于1 m为宜。

6）地面与运动场

地面最好为水泥地面，必须有下水道，以便冲洗消毒，在地面下应铺设防潮层（对较潮湿的地区）。运动场设在南面，地面平整并稍有坡度，周围应设有围篱或围墙。

6. 基地对地点选择的要求

泰和乌鸡养殖基地（图8.9）对地点选择有如下要求。

（1）场地应选择在地势较高、干燥平坦且有一定坡度，排污良好和通风向阳的地方，坡度以3%～5%为好，最大不超过25%。建筑区坡度应在2.5%以内，地下水位要低，以低于建筑物地基深度0.5 m以下为宜，避开断层、滑坡、塌方的地段及坡底、谷地、风口。

图 8.9　泰和乌鸡养殖基地

（2）水质标准应达到公共卫生饮水标准，需了解酸碱度、硬度、透明度，有无污染源和有害化学物质等，能否满足生产、生活与建筑施工用水，一般每只存栏鸡昼夜用水量为 0.5～0.9 kg。

（3）地质土壤应选砂质土壤或亚黏土地带，使场区在雨后不至于积水过多而造成泥泞的工作环境。

（4）气候因素主要掌握了解风力、风向、气温及灾害性天气情况，有利于建筑的施工、排污、保持环境卫生、展开防疫工作。

（5）鸡场的孵化、育雏、机械通风及生活用电都要求有可靠的供电条件，有充足的水源和可靠的供水、排水设施。电力安装每只种鸡为 3～4.5 W，商品鸡为 2～3 W，与此同时应考虑鸡场污水排放方式、排污能力、污水去向、纳污地点等，需要便利的运输条件。

（6）选址时必须注意周围的大环境，场址附近应没有污染环境的化工厂、重工业厂矿或排放有毒物质和气体的染化厂等，不能建在居民区附近，一般应考虑离居民区 3～4 km 以上，距铁路、交通要道在 400 m 以上，距次级公路 100 m 以上，尽量利用山岗、荒地等无农耕价值的地段建场。

7. 鸡场的合理布局标准

图 8.10 为泰和乌鸡养殖场，鸡场的合理布局标准如下。

1）区域划分

（1）鸡群饲养区：包括孵化室、育雏室、后备鸡舍、种鸡舍等。

（2）辅助生产区：包括饲料仓库、饲料加工厂、车库、蛋库、兽医室等。

（3）生产管理区：门卫传达室、进场消毒室、办公室、财务室、生产技术室、卫生防疫间等。

图 8.10　泰和乌鸡养殖场

（4）职工生活区：宿舍、食堂、居民点等。

各区域之间要严格分开，间距应在 80～100 m 以上，生产管理区应接近鸡群饲养区。职工生活区应根据场内的主导风向及季节情况，设在上风向，以保证职工生活区的环境卫生。职工生活区的污水严禁进入鸡群饲养区。

2）鸡舍的布局

按孵化室、育雏室、后备鸡舍、种鸡舍等顺序排列。孵化室应选在整体布局的上风向，开放式鸡舍应坐北朝南或朝东南，鸡舍间距在 30～50 m 以上。

3）鸡场道路

场内道路应该净污分道，不交叉，出入口分开，净道与污道以池塘、草坪、沟渠或者果木林相隔，在道路尽头设置回车场地。

4）鸡场的绿化

绿化是畜牧业文明生产的标志，是鸡场廉价长效的多功能环境净化系统，绿化与果木、蔬菜、牧草相结合，以增加鸡场的经济收入，一般有建立防护林带、隔离绿化、种植行道树等绿化方式。

8. 鸡场的生产设备

泰和乌鸡场的生产设备主要有饲养管理设备、孵化设备和饲料加工设备。

1）饲养管理设备

（1）笼具设备。

a）开食盘：适合雏鸡饲养。

b）料桶：适合育成鸡饲养。

c）饲槽：适合立体笼养和平养。

d）自动喂料系统：包括贮料塔、输料机、喂料机和料槽等。

e）吊塔式饮水器：适合平养。

f）水槽式饮水器。

g）真空式饮水器。

h）乳头式饮水器。

（2）管理设备。

a）保温、降温设备：保温设备有育雏电热伞、热风供暖配套设备，降温设备有 9SF-150 湿帘降温设备、9PJ-3150 自动控制喷雾降温设备。

b）光控、断喙、产蛋设备：有自动计时光照控制器，有手提式断喙器，产蛋设备与个体笼相匹配。

c）其他：四格式运雏箱、防湿运蛋箱、塑料蛋托。

d）清粪与消毒设备：清粪设备主要有牵引式刮板清粪机。鸡粪处理设备有鸡粪便快速干燥机。消毒设备有 9WX-1 型固定喷雾消毒器、高压冲洗消毒器、火焰消毒器。

2）孵化设备

（1）孵化机设备：有孵化机、出雏机，其型号多种。

（2）孵化配套设备：包括照蛋器、照蛋台、种蛋消毒柜、落盘翻蛋器等。

3）饲料加工设备

有饲料粉碎机、饲料颗粒压制机和打包机等。

8.9　泰和乌鸡包装标识规定

8.9.1　包装标识

（1）按泰和乌鸡数码防伪要求，泰和乌鸡合格活体商品鸡一律按只佩戴防伪脚环，防伪脚环由江西泰和乌鸡协会按统一规格制作。

（2）每枚泰和乌鸡蛋应粘贴防伪商标标识，防伪商标标识由江西泰和乌鸡协会按统一规格制作。

（3）以泰和乌鸡为主要原材料的衍生品、加工制品，标注泰和乌鸡的系列产品（含药品），应使用泰和乌鸡，经许可准其在产品或者产品说明书中标注泰和乌鸡的，应将该批次产品使用泰和乌鸡的资料报江西泰和乌鸡协会备案并在其产品外包装上粘贴江西泰和乌鸡协会按统一规格制作的防伪标识。

（4）泰和乌鸡净膛整只包装冰冻、冰鲜应符合上述规定，产品标志应包含品名、产地、批次、生产日期、保质期、贮存方法等。

（5）运输：泰和乌鸡活体应盛装在清洁、并经过消毒的鸡笼中。

8.9.2 数码防伪

泰和乌鸡数码防伪系统由唯一数码监控系统、泰和乌鸡活体鸡脚环标贴、泰和乌鸡蛋标贴、泰和乌鸡产品包装标贴组成。

1. 数码资源生成系统（核心管理端）

（1）生码系统：成码方法先进，重码率为零，数码无规律，无法破译。系统内核心部分采用多重加密机制，形成若干独立的模块，操作人员只知其功能与接口，无一人能知晓全部秘密，无一人能独立操纵生成防伪码，安全性高。

（2）唯一性和可逆性检验系统：每一产品有相对应的唯一身份码，标贴只能一次性使用。数码只有首次查询有效。可逆性追索假冒伪造产品源。

（3）数码资源分配系统：通过认证数码资源分配系统和录制语音，多批次标识与多种产品可以在控制下任意搭配，同一批标贴可供用一企业用于销往不同地区的不同品牌泰和乌鸡产品。

2. 查询服务系统（客户服务端）

（1）查询真伪：通过查询认证，可有效鉴别真伪；而防伪标识自身不可能被批量仿制，假冒者也不可能将非法码存入查询站数据库，这将使假冒产品进入不了市场。通过查询系统可以迅速反馈信息，侦知假货出现的地区，以真凭实据主动出击，可为泰和乌鸡的专卖管理和防伪打假提供科学依据。

（2）窜货监控：生成商品包装加密序列号，对应每一零售商品的身份码，可制约经销商窜货，越区销售。

（3）广告宣传：可在泰和乌鸡查询系统和企业网站上插播广告，发布信息，有效地宣传和保护泰和乌鸡。

3. 查询方法

（1）消费者购买泰和乌鸡、泰和乌鸡蛋及其系列产品时可以在包装上、泰和乌鸡脚环上、泰和乌鸡蛋上看到防伪标贴。标贴分为“揭开式”“刮开式”两类，每种方法的数码由 12 到 20 位数字组成防伪身份代码，按照身份代码，可进行语音、短信、互联网查询。

（2）防伪标贴与泰和乌鸡原产地域产品标志和证明商标统一使用。

（3）语音答复：制作统一回复用语。

a）证明被查询的产品是正牌产品，接收查询后，系统数据中心会自动记录查询的时间和结果。

b）查询的身份码有误，则提醒查询者谨防假冒。

c）对已被查询过的身份码，则告知该身份码已于某时间被查询过，防伪数码只能有效查询一次，现在查询的身份码不符合第一次查询时间，则该标识是假冒的。

8.10　泰和乌鸡运输操作规程

为了确保泰和乌鸡运输安全，减少路途运输损失，特制定本规程。

（1）运输应选择在气候温和，气温变化不大的时间进行，运输路线（铁路、公路）的选择，应尽量缩短途中的运输时间，同时要注意供求两地的汽车运输是否方便，以免运输拥挤，饥饿应激反应而死亡。

（2）参加运输的人员应健康、体质结实、责任心强。起运前应充分休息，备好日常生活用品。

（3）运输前制订运输方案，了解沿途气候条件及天气变化，熟悉运输路线，准备好牢固的装运笼具。

（4）运输途中，为了预防疾病的发生应在饲料或饮水中加入适当的维生素 C、5%葡萄糖生理盐水等药物，同时还应备百毒杀等消毒药物，进行运输笼具、车辆消毒。

（5）装笼密度不要太大，同一笼的鸡个体差异不应太大，笼子尽量堆高，并用铁丝固定好，天气热时避免阳光直射，应设法降温，如喷冷水等。

（6）起运后，每天上午、下午都要仔细观察鸡的状况，检查笼具，发现问题及时处理。

（7）到达终点站，边卸车边检查鸡的精神状况、死亡数量等。发现病、死的鸡要进行登记，病弱者都要集中隔离，特别护理，运到目的地后，不可立即改变饲养方式、饲料，尽快恢复体况，适应新环境。

（8）运输结束后应将车辆、笼具等进行彻底消毒处理，然后方可卸车放入仓库。

（9）种蛋运输时注意避免日晒雨淋，装运时一定要轻拿、轻放、轻装卸，严禁挤压，尽量减少颠簸。雏鸡运输应选用专用运雏箱，装车时最高不超过 6 个鸡苗箱，车厢内要留有通道，每行之间留有空隙。初生雏最好在 8～12 h 运到雏鸡舍，远途运输不超过 48 h。

（10）运育成鸡要使用专用鸡笼，装鸡时不要将鸡硬塞乱扔，防止骨折。装笼时要注意做健康检查，及时发现和剔除病鸡。

8.11　小　　结

原种泰和乌鸡生长周期长、体态小、料肉比低、饲养成本高。各地大型禽类养殖企业在市场经济的浪潮中迅速发展，成本低廉，加上杂交乌鸡市场的不断扩大，对原种泰和乌鸡市场形成了很大的冲击。目前，泰和乌鸡养殖业发展已初具规模，但仍需进一步提高泰和乌鸡规模化标准化水平，加快泰和乌鸡生态科技园建设和泰和乌鸡养殖示范基地建设，进而带动整个泰和乌鸡产业的发展。

参 考 文 献

白继瑜. 2010. 雏鸡的饲养管理要点. 农业技术与装备, (19): 19-20.

房兴堂, 赵家飞, 宋远见, 等. 2001. 乌骨鸡蛋形指数对孵化率的影响. 经济动物学报, (1): 44-47.

管岩峰. 2016. 蛋鸡育雏期饲养管理的要点. 现代畜牧科技, (2): 4.

郭长学. 2010. 雏禽也需要人工助产. 中国农业信息, (9): 46.

何玉珍. 2007. 肉鸡无公害饲养的饮水和饲料质量要求. 农业网络信息, (5): 230-231.

洪学. 2005. 种鸡转群的关键措施. 农家科技, (5): 23.

李树珩. 2000. 家禽孵雏照蛋技术. 畜牧兽医科技信息, (7): 7.

刘洪斌. 2010. 鸡舍内有害气体的危害与控制. 现代农业科技, (17): 352.

刘静. 2015. 简述肉鸡产地检疫的要点. 中国畜禽种业, (6): 150.

满红. 2011. 乌鸡的人工孵化技术要点. 农家致富顾问, (1): 22-23.

彭致林, 程抱林. 2010. 种蛋变温孵化技术. 湖北畜牧兽医, (8): 21-23.

唐式校. 2011. 浅谈运输家禽的卫生管理及检疫. 草业与畜牧, (4): 50, 62.

王晓华, 姜旭东. 2007. 浅谈蛋鸡饲养环境的控制. 四川畜牧兽医, (2): 37.

谢若泉. 1986. 泰和鸡种鸡的饲养管理. 养禽与禽病防治, (5): 7-9.

谢若泉. 1987. 泰和鸡孵化技术浅谈. 养禽与禽病防治, (5): 42-44.

薛文佐, 罗士仙. 2007. 泰和乌鸡雏鸡饲养技术. 江西畜牧兽医杂志, (5): 27-29.

晏和平. 2004. 孵化第 3～11d 翻蛋频率对肉鸡种蛋孵化率的影响. 江西畜牧兽医杂志, (4): 36.

袁志广. 2004. 种蛋适宜的落盘时间. 河南畜牧兽医: 综合版,(5) : 53.

张建勋, 丛玉艳. 2010. 产蛋鸡饲养管理要点. 新农业, (12): 17-18.

赵正海. 2017. 育成鸡的饲养管理技术. 甘肃畜牧兽医, 47(3): 99-100.

钟向阳. 2012. 规范“泰和乌鸡”标识的使用管理. 工商行政管理, (11): 80.

周明霞, 王乐元. 2009. 无公害食品 蛋鸡饲养兽药使用准则. 中国蛋鸡行业发展大会论文集: 217-219.

第9章　泰和乌鸡种质资源保护

原种泰和乌鸡具有丛冠、缨头、绿耳、毛脚、五爪、丝毛、胡须、乌皮、乌肉、乌骨十大特征，这也是其有别于其他禽种的十大外观形态标志。泰和乌鸡是国内独有的种质资源，被列为首批国家级地方保护品种。农业部及有关部门颁发的《全国优势农产品区域布局规划》中指出，原种资源的保护工作是建立生物多样性、丰富物种遗传资源的需要，因此保护泰和乌鸡种质资源具有深远的历史意义和现实意义。

原种泰和乌鸡作为我国地方珍禽品种，性状独特，产品具有相对市场优势。借助产学研合作模式，坚持保护与开发相结合的原则，以用促保，为原种泰和乌鸡资源保护搭建良好平台，使泰和乌鸡的品种资源优势转化为经济优势。

9.1　泰和乌鸡种质资源保护现状

20世纪90年代初，由于缺乏泰和乌鸡种质资源保护意识，没有建立完整的泰和乌鸡繁育保护体系，全国各地的商人到泰和县引进泰和乌鸡，并在当地繁育杂交乌鸡，随着杂交乌鸡市场的不断扩大，对原种泰和乌鸡造成了冲击。另外，20世纪80年代初期，随着泰和乌鸡价格的不断攀升，当地养殖户急功近利，掺杂使假，使用激素饲料，降低了泰和乌鸡的品质，以次充好，以假乱真，损毁了泰和乌鸡的形象，也使泰和乌鸡的销路越来越窄。

近年来，为保护泰和乌鸡种质资源，将泰和乌鸡品牌优势转化为产品、产业和发展优势，泰和县以乌鸡品牌建设为抓手，通过加大政策、资源、资金、技术等方面的引导和扶持，产业发展已初见成效。目前，泰和乌鸡核心群保护数量达3万羽，并按标准化要求，在武山周边建立了泰和原种乌鸡种质资源保护区。在抓好保种的基础上，建有国家级种质资源保种场、生态模式保护区、基因库、GAP养殖示范基地各1个，拥有17家泰和乌鸡养殖场，泰和乌鸡种鸡存栏5万羽。为了凸显品牌效应，泰和乌鸡自2000年以来，通过组织申报，拥有“全国首批畜禽资源保护品种”“全国首例活体原产地域保护产品”“中国地理标志产品”“中国驰名商标”等多块金字招牌，2015年被列为全省地方品牌之一，泰和乌鸡品牌知名度和影响力不断得到提升。但是，泰和乌鸡种质资源的保护仍存在以下一些问题。

（1）保种规模小而散。目前，泰和县仅有国家级种质资源保种场 1 家、一级扩繁场 2 家，核心种群 1 万羽左右，且存在层次、分工不明确的问题。

（2）育种水平低，技术落后。缺乏专业育种人才与管理人才，泰和乌鸡原种场育种队的建设不齐全，部分养殖场盲目自繁自养，缺乏保种意识，选育工作不连续，缺乏创新，形式单一，没有充分地开发利用泰和乌鸡的优良遗传基因。

（3）缺乏保种创新。泰和乌鸡品种资源保护与开发的组织形式单一，品牌侵权行为严重，泰和乌鸡的防伪查询系统不完善，打假维权工作难有实质性成效。

9.2　泰和乌鸡种质资源保护技术方法

为了保护泰和乌鸡种质资源，提升泰和乌鸡的品牌形象，需要加强泰和乌鸡种质资源保护技术，完善泰和乌鸡种质资源保护体系，发挥泰和乌鸡种质资源优势，从而促进泰和乌鸡产业发展。

9.2.1　常规保护方法

泰和乌鸡常规的保护技术需保证足够的群体数量和适合的世代间隔，世代间隔应该不少于 1 年，各世代繁殖群体规模恒定，公母性别比例可根据市场情况予以调整，公禽产品市场销售情况好时就增加公禽的比例，母禽产品市场销售情况好时就增加母禽的比例，一般情况下，公母比例为 1∶10，最后采用家系等量随机选配法，使每个家系均选留一定比例的公鸡和母鸡用于组建家系，让其中一个家系的公鸡与其他家系的母鸡随机交配。

9.2.2　活体保护

采取在泰和乌鸡原产地建立保护区的方式，避免外来鸡种进入保护区，并提高核心种群的数量。搞好泰和乌鸡本品种的选育，可以设计公母交配个体，最大限度降低近交系数，从而保护泰和乌鸡种质资源。

9.2.3　冷冻保存种质资源

可以通过冷冻乌鸡的精子、卵子和胚胎来保存它的遗传资源，在这种方式下保存，虽然基因和基因频率有变化，但已经降低到最小的程度，而且可以将泰和乌鸡的优良基因保存很长时间。还可以收集其特定组织的细胞或生殖细胞，建立细胞系或细胞株进行低温长期保存，或建立 DNA 基因文库为相关的分子生物研究提供宝贵的材料。

9.2.4　分子遗传标记监测保种

利用在染色体上已知位置的分子遗传标记对泰和乌鸡的基因进行监测，可以得知各世代群体的基因信息，分析它们的遗传结构差异，还能以此来确定哪些后代留种，达到保护泰和乌鸡优良基因的目的。

9.3　泰和乌鸡种质资源保护改进措施

泰和乌鸡是在特定的地域内，按特定的饲养方法饲养出来的世界珍禽。要发展壮大泰和乌鸡产业，就必须顺应消费潮流，以发展原种泰和乌鸡作为主攻方向，改进泰和乌鸡种质资源的保护措施。

9.3.1　加大种质资源保护，确保种质安全

1. 健全保繁体系

相关部门应该对存栏数量、分布情况及品种特征特性现状进行详细的调查，并建立数据库，按照"统一供种、分散饲养"的原则，按照国家制定的泰和乌鸡原种场和扩繁场建设标准和质量标准，建立健全的、层次分明的"保种场-一级扩繁场-二级扩繁场-商品场"四级保种繁育体系，并对泰和乌鸡的可持续发展进行战略性的规划。

2. 落实保种责任，规范管理

按照国家制定的泰和乌鸡原种场和扩繁场建设标准和质量标准，针对保种相关的各个部门分别制定标准，细化它们的业务范围和职责要求，做到分工明确，并针对泰和乌鸡种鸡制定质量标准。另外要加强监管力度，对现有的泰和乌鸡种鸡场和商品场进行规范管理，建立审批发证制度，包括办厂审批制度、生产经营许可证制度，以及产品质量溯源制度，完善质量检测和监控体系，保证种鸡或鸡苗质量符合标准要求。

3. 提升育种水平

加大资金投入，大力支持引进专业人才和先进的现代科学技术，组建人才队伍支持保种工作，并对基层技术人员进行定期培训，提高专业素养。保种企业可与科研单位、高等院校、龙头企业联合保种，深入研究，综合运用物联网、传感器、智能视频、二维码等现代技术用于种质资源保护，坚持"科研、培育、生产"的路线，促进泰和乌鸡种质资源的开发利用和产业化生产。

4. 加大宣传力度，提高责任意识

产业主管部门应该定期向社会和行业内部发布泰和乌鸡的生产情况和相关信息，只有人们充分认识保种工作的重要性和紧迫性，唤起泰和县全民保种的意识，才能调动全民参与的积极性和主动性，从而为保种工作奠定坚定的群众基础。

9.3.2　构建泰和乌鸡良种繁育体系建设

1. 泰和乌鸡保护区

《中华人民共和国畜牧法》第二章第十三条明确规定：“国务院畜牧兽医行政主管部门根据全国畜禽遗传资源保护和利用规划及国家级畜禽遗传资源保护名录，省级人民政府畜牧兽医行政主管部门根据省级畜禽遗传资源保护名录，分别建立或者确定畜禽遗传资源保种场、保护区和基因库，承担畜禽遗传资源保护任务。”泰和乌鸡已被确定为国家级畜禽遗传资源，属于国家级地方保护品种，应受到相应的保护。根据乌鸡分布情况，通过设立泰和乌鸡保护区，并在保护区内建立不同规模的泰和乌鸡保种场，规划保种群规模，严禁保护区内外来鸡种的进入。

2. 核心保种选育场

按照地方畜禽品种资源采取“保种场+保护区”相结合的原则，切实抓好泰和乌鸡保种选育工作，在泰和县选址建设 1 个标准化的泰和乌鸡核心保种选育场，保种选育场严格按照《泰和乌鸡保种选育方案》要求对泰和乌鸡进行优选提纯，向扩繁场（户）提供优质种源。

3. 扩繁场（户）

在泰和乌鸡核心保护区和主要分布区建设泰和乌鸡扩繁场和扩繁户，形成提供泰和乌鸡种苗的稳定供种体系，其中一部分用于泰和县商品鸡生产，另一部分用作商品鸡苗向其他区县销售。

9.4　小　　结

泰和乌鸡种质资源保护是一项长期性、持续性、公益性的系统工程，需根据市场需求，有计划、有步骤、有重点地开发和利用好泰和乌鸡遗传资源，走“科研、培育、生产”一体化的路子，推进泰和乌鸡品种资源综合利用，实现产业化开发。

参 考 文 献

程泽信. 2004. 湖北家畜品种资源保护的现状分析及对策研究. 北京: 中国农业大学.

范玉庆, 罗嗣红, 陈听冲. 2017. 发挥泰和乌鸡资源优势 激发产业发展新动能. 江西农业, (24): 36-38.

范玉庆, 肖信黎. 2017. 关于加大泰和乌鸡种质资源保护的几点建议. 江西畜牧兽医杂志, (3): 15-16.

刘嘉玲. 2015. 基于农产品地理标志视角下泰和乌鸡品牌推广研究. 农村经济与科技, (7): 155-156.

附录　无公害食品肉鸡饲养中允许使用的药物

表 A.1 给出了无公害食品肉鸡饲养中允许使用的药物饲料添加剂品种、用量及休药期。

表 A.1　无公害食品肉鸡饲养中允许使用的药物饲料添加剂

类别	药品名称	用量（以有效成分计）	休药期/天
抗菌药	阿美拉霉素	5～10 g/1000 kg	0
	杆菌肽锌	以杆菌肽计 4～40 g/1000 kg，16 周龄以下使用	0
	杆菌肽锌+硫酸黏杆菌素	（2～20 g/1000 kg）+（0.4～4 g/1000 kg）	7
	盐酸金霉素	20～50 g/1000 kg	7
	硫酸黏杆菌素	20 g/1000 kg	7
	恩拉霉素	1～5 g/1000 kg	7
	黄霉素	1 g/1000 kg	0
	吉他霉素	促生长，5～10 g/1000 kg	7
	那西肽	2.5 g/1000 kg	3
	牛至油	促生长，1.25～12.5 g/1000 kg；预防，11.25 g/1000 kg	0
	土霉素钙	混饲 10～50 g/1000 kg，10 周龄以下使用	7
	维吉尼亚霉素	5～20 g/1000 kg	1
抗球虫药	盐酸氨丙啉+乙氧酰胺苯甲酯	125 g/1000 kg+8 g/1000 kg	3
	盐酸氨丙啉+乙氧酰胺苯甲酯+磺胺喹啉	100 g/1000 kg+5 g/1000 kg+60 g/1000 kg	7
	氯羟吡啶	125 g/1000 kg	5
	复方氯羟吡啶粉（氯羟吡啶+苄氧喹甲酯）	102 g/1000 kg+8.4 g/1000 kg	7
	地克珠利	1 g/1000 kg	
	二硝托胺	125 g/1000 kg	3

续表

类别	药品名称	用量（以有效成分计）	休药期/天
抗球虫药	氢溴酸常山酮	3 g/1000 kg	5
	拉沙洛西钠	75～125 g/1000 kg	3
	马杜霉素	5 g/1000 kg	5
	莫能菌素	90～110 g/1000 kg	5
	甲基盐霉素	60～80 g/1000 kg	5
	甲基盐霉素+尼卡巴嗪	（30～50 g/1000 kg）+（30～50 g/1000 kg）	5
	尼卡巴嗪	20～25 g/1000 kg	4
	尼卡巴嗪+乙氧酰胺苯甲酯	125 +8 g/1000 kg	9
	盐酸氯苯胍	30～60 g/1000 kg	5
	霉素钠	60 g/1000 kg	5
	赛杜霉素钠	25 g/1000 kg	5

表 A.2 给出了无公害食品肉鸡饲养中，在兽医指导下允许使用的治疗用药物的品种、用法、用量及休药期。

表 A.2　无公害食品肉鸡饲养中允许使用的治疗药

类别	药品名称	剂型	用法与用量（以有效成分计）	休药期/天
抗菌药	硫酸安普霉素	可溶性粉	混饮，0.25～0.5 g/L，连饮 5 天	7
	亚甲基水杨酸杆菌肽	可溶性粉	混饮，预防，25 mg/L；治疗，50～100 mg/L，连用 5～7 天	1
	硫酸黏杆菌素	可溶性粉	混饮，20～60 mg/L	7
	甲磺酸达氟沙星	溶液	20～50 mg/L，1 次/d，连用 3 天	
	盐酸二氟沙星	粉剂、溶液	内服、混饮，5～10 mg/kg 体重，2 次/d，连用 3～5 天	1
	恩诺沙星	溶液	混饮，25～75 mg/L，2 次/d，连用 3～5 天	2
	氟苯尼考	粉剂	内服，20～30 mg/kg 体重，2 次/d，连用 3～5 天	30 天暂定
	氟甲喹	可溶性粉	内服，3～6 mg/kg 体重，2 次/d，连用 3～4 天，首次量加倍	
	吉他霉素	预混剂	100～300 g/1000 kg，连用 5～7 天，不得超过 7 天	7

续表

类别	药品名称	剂型	用法与用量（以有效成分计）	休药期/天
抗菌药	酒石酸吉他霉素	可溶性粉	混饮，250～500 mg/L，连用 3～5 天	7
	牛至油	预混剂	22.5 g/1000 kg，连用 7 天	
	金荞麦散	粉剂	治疗，混饲 2 g/kg；预防，混饲 1g/kg	0
	盐酸沙拉星	溶液	20～50 mg/L，连用 3～5 天	
	复方磺胺氯哒嗪钠（磺胺氯哒嗪钠+甲氧苄啶）	粉剂	内服，20 mg/（kg 体重 · d）+4 mg/（kg 体重 · d），连用 3～6 天	1
	延胡索酸泰妙菌素	可溶性粉	混饮，125～250 mg/L，连用 3 天	
	磷酸泰乐菌素	预混制	混饲，26～53 g/1000 kg	5
	酒石酸泰乐菌素	可溶性粉	混饮，500 mg/L，连用 3～5 天	1
抗寄生虫药	盐酸氨丙啉	可溶性粉	混饮，48 g/L，连用 5～7 天	7
	地克珠利	溶液	混饮，0.5～1 mg/L	
	磺胺氯吡嗪钠	可溶性粉	混饮，300 mg/L；混饲，600 g/1000 kg，连用 3 天	1
	越霉素 A	预混剂	混饲，10～20 g/1000 kg	3
	芬苯哒唑	粉剂	内服，10～50 mg/kg 体重	
	氟苯咪唑	预混剂	混饲，30 g/1000 kg，连用 4～7 天	14
	潮霉素 B	预混剂	混饲，8～12 g/1000 kg，连用 8 周	3
	妥曲珠利	溶液	混饮，25 mg/L，连用 2 天	